欢乐数学营

数学定理的奇妙世界

[日] 小宫山博仁 ◎著
张叶焙 王小亮◎译

人 民 邮 电 出 版 社
北 京

版权声明

内容提要

勾股定理应该是大家非常熟悉的数学定理，但你知道它在最初被发明时的作用吗？勾股定理早在古埃及时代就被用来测量土地的面积。数学中有非常多的数学定理，它们不仅是数学书中一连串用符号表示的公式，还与我们的日常生活息息相关。本书在介绍了许多比较重要的数学定理的同时，更强调了逻辑思维能力和解决问题能力的重要性。

本书适合小学高年级和中学生阅读。

序　言

在当今社会，数学学科备受瞩目。不仅仅是日本，世界各国都认识到了数学学科的重要性。与以前的数学相比，现在的数学无论是在学习方法上还是在内容上都发生了巨大的变化。通过简单地计算得出答案的方法将被淘汰，理解解题过程，学生之间通过讨论和描述来获得答案的方法会备受重视。这种学习方法能够培养学生的逻辑思维能力，提高学生解决问题的能力。

在这个信息通信技术迅猛发展的时代，编程的学习已从小学阶段起步，但这不是为了培养优秀的程序员，而是为了培养学生自主发现问题、解决问题的能力。我们甚至可以说，解决问题的能力是人们生活在当今社会需要掌握的最重要的本领之一。

到了中学阶段，我们就会学习数学定理。你知道勾股定理（又叫毕达哥拉斯定理）吗？你记得勾股定理的证明过程吗？我相信老师们一定是在确认学生已经理解了每个步骤的基础上，给学生证明过这个定理的。本书的主要内容正是介绍各种数学定理。从前，数学被广泛地认为是“大脑的运动”。与编程一样，数学被认为是培养学生逻辑思维的学科。而现在，世界各国的数学学习方法，尤其是利用数学定理进行证明的方法步入了新的阶段。

在纷繁复杂的社会生活中，数学定理总能发挥其作用。本书适用于对数学感兴趣的人，同时也将传授给更多人“生存的能力”。亲近数学，并将数学的思维方式应用于日常生活中，你将开启一个崭新的世界。

小宫山博仁

目 录

第3章 在学校学习的数学定理

第4章 学了有好处的数学定理

第 5 章　利用数学定理解决问题

第 6 章　日常生活与数学

序章

了解定理与猜想的根本

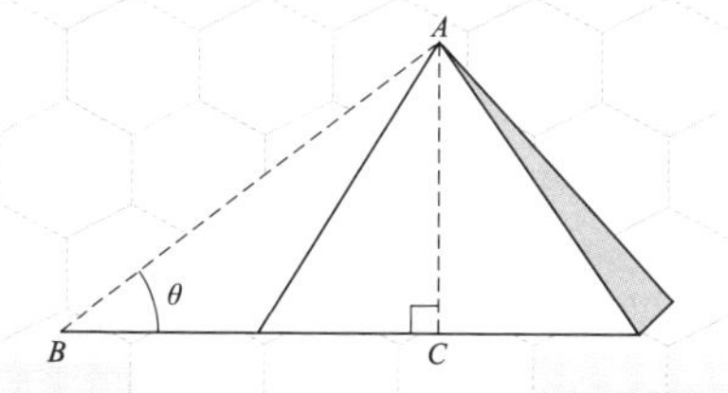

数学定理究竟是什么？

根据公理或定义，通过演绎推导证明出来的真命题或公式被称为“定理”。定理主要作为证明数学公式的依据，或者作为数学的基本思考方法被广泛应用。简单性和广泛性是定理的重要特征。

除此之外，证明过程本身也可以说是数学的重要目标和结果。

也就是说，定理是数学思维的制高点。因此，定理同时还被要求具有美感。

当我们看到一个定理的时候，可能会产生某种新的猜想。这种猜想在数学中被称为“某某猜想”。“某某”可以是人名，代表这是由某人想到但还没有被证明的猜想。**只有当猜想被证明为真命题之后，才能被称为定理**。

著名的猜想有“哥德巴赫猜想”和“费马猜想”等。虽然这两个猜想分别是由哥德巴赫和费马提出的，但二人均未能完成证明（费马猜想在 1995 年得到了证明）。

提出命题并不难，难的是如何证明它。全世界的数学家们历经几百年的艰辛，不断潜心研究哥德巴赫猜想的证明方法。一直到最近，在经过计算机计算之后，哥德巴赫猜想才被证实基本正确，但仍未得到有力的证明。

定理是数学思维的制高点

定理与猜想

定理  由公理或定义等推导而来，被证明为真的命题或公式。

定理作为数学思维的基础，具有简单性和广泛性的特点。它也是数学思维的制高点。

猜 想

哥德巴赫猜想

2 以上的所有偶数一定可以写成两个质数之和，如下所示。

4=2+2

6=3+3

8=3+5

10=3+7

在大于 1 的自然数中，除了 1 和该数本身以外，不再有其他因数的数被称为质数（但 1 不是质数），如 2、3、5、7、11、13、17、19、23、29、31、37、41、43 等。

古希腊数学家欧几里得证明，质数有无限多个。

费马大定理

$x^n=y^n+z^n$ $(n \geqslant 3)$

当 n 是大于等于 3 的自然数时，该方程没有自然数解。

勾股定理和费马大定理

说到定理，大家都知道勾股定理。这是我们在中学学到的一个重要定理。

在一个∠C是直角的直角三角形ABC中，如果设直角三角形的两条直角边的边长分别是a和b，斜边边长是c，那么勾股定理用数学符号表示则为$a^n+b^n=c^n$（n=2）。由此定理展开，我们可以发现如下规律。

$x^n+y^n=z^n(n \geqslant 3)$，**当$n$是大于等于3的自然数时，该方程没有自然数解，这个公式被称为费马大定理**。如果单看公式本身，费马大定理与勾股定理几乎是一样的。

在解决数学问题时，通常只有具有大量的知识储备，我们才能理解问题的含义。而费马大定理的主要特征是，我们在理解它时不需要大量的知识储备，甚至会感觉该定理非常简单。

但是，费马本人只证明了n=4时的情况，并没有对n等于其他自然数的情况进行说明。他在一本著作的注释中这样写道："关于这个定理，我确信已发现了一种美妙的证法，可惜这里空白的地方太小，写不下。"虽然费马大定理看起来与勾股定理相似，但实质上两者是完全不同的。

1995年，费马大定理最终得到了证明

勾股定理

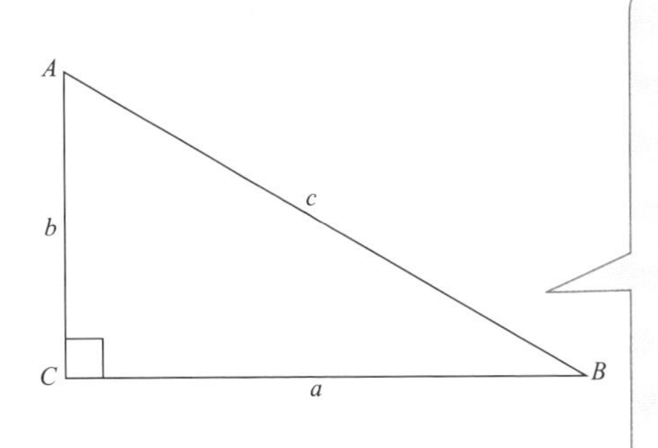

在一个∠C是直角的直角三角形ABC中，如果设直角三角形的两条直角边的边长分别是a和b，斜边边长是c，那么直角三角形三边的关系如下所示。

$$a^2+b^2=c^2$$

费马大定理

费马大定理是由勾股定理发展而来的，同时还将勾股定理一般化了。

$$x^n+y^n=z^n\ (n \geqslant 3)$$

当n是大于等于3的自然数时，该方程没有自然数解。

费马在一本数学书的空白处写道："我发现了证明这个定理的方法，但要阐述这一点，这个空白不太够。"

据说，英国数学家怀尔斯在年仅10岁的时候就在图书馆里偶遇了这个问题，并在1995年证明了费马大定理。

定理之王——勾股定理

接下来，我们具体讲解一些定理。

我们在前文中介绍过的勾股定理，是初等几何学（欧几里得几何学）中最知名的定理。我们也可以称之为定理之王。

在一个∠ C 是直角的直角三角形 ABC 中，下列式子成立。

$AC^2 + CB^2 = AB^2$

同时，我们也可以说在一个△ABC 中，如果上述式子成立，那么∠C 一定是直角。

勾股定理早在古埃及时代就被用来测量土地的面积。古埃及人在地上插上木棒，然后在木棒上绑上绳子，再对土地的面积进行测量。

据说，毕达哥拉斯是在眺望古希腊寺院里的瓷砖时，想到了该定理的证明方法。

一般情况下，强大的定理都有多种证明方法。**勾股定理的证明方法超过了 100 种**。

本书仅对其中最著名的一种证明方法进行讲解，有兴趣的同学可以查阅资料了解其他证明方法。

勾股定理大约在 2500 年前被发现

勾股定理的证明

下图中大正方形 $ABCD$ 的边长为 $b+c$，则正方形的面积 $= (b+c)^2$。

同时，该正方形由 4 个底边长为 b、高为 c 的直角三角形和一个边长为 a 的正方形构成。

则正方形 $ABCD$ 的面积 $= 4\times\dfrac{bc}{2}+a^2$

因此

$$(b+c)^2 = 4\times\frac{bc}{2}+a^2$$

$$b^2+2bc+c^2 = 2bc+a^2$$

$$a^2 = b^2+c^2$$

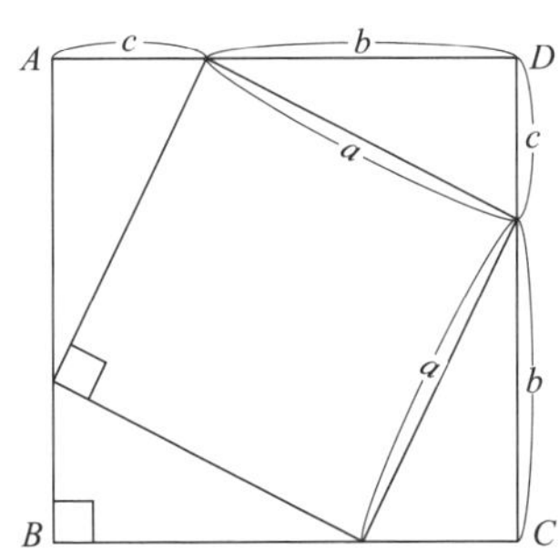

勾股定理（$a^2=b^2+c^2$）也可以通过以下方法进行证明。

$\triangle ABC$ 是一个 $\angle C$ 是直角的直角三角形，只要证明以三角形的斜边 a 为边长的正方形的面积等于以直角边 b 为边长的正方形的面积和以直角边 c 为边长的正方形的面积之和即可，感兴趣的读者可自行尝试。

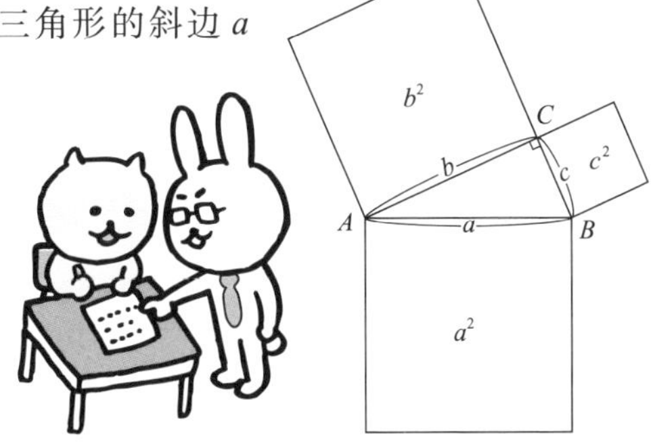

广泛应用于生活中的数学定理

我们知道数学定理理解起来非常困难，但你知道我们在日常生活中是如何灵活运用数学定理的吗？其实，我们经常在不知不觉中就用到了许多数学定理。

比如，在定理中最被熟知的“勾股定理”就被广泛应用于计算距离。其中稍有难度的实际应用是计算卫星发射的速度。想要卫星精准无误地进入预定的轨道，其发射的速度尤为重要。利用勾股定理便可以计算出卫星每秒的飞行距离（即速度）。

在测量地面上的距离时可以使用正弦定理；当要测量的两点间存在障碍物时，则可以使用余弦定理。当 A、B 两点间存在建筑物、山峰、河川等障碍物而导致无法直接测量两点间的距离时，我们可以先选择一处没有障碍物干扰的 C 点，构成一个三角形，然后通过余弦定理就可以计算出 A、B 两点间的距离了。

再比如，现在我们经常使用的手机则是应用了四色定理进行频率的区域划分。**手机的通话系统会受到频率的干扰，若是频率相同则容易造成占线**。**为了避免这种问题，技术人员采用了色块分离的方式，不在相邻区域建立同频率的基站**，这就是四色定理的实际应用。

数学定理与日常生活密切相关

与生活密切相关的数学定理

勾股定理可用于计算距离和速度。

正弦定理可用于测量土地的长度。

余弦定理可用于测量当两点之间存在障碍物时的距离。

数学定理是我们日常生活中不可或缺的一部分。尽管它们常常被我们忽视，但是仍然默默地发挥着重要作用。

正弦定理

设△ABC 外接圆的半径为 R，则

$$\frac{a}{\sin\alpha}=\frac{b}{\sin\beta}=\frac{c}{\sin\gamma}=2R$$

（详请参照第 1 章正弦定理）

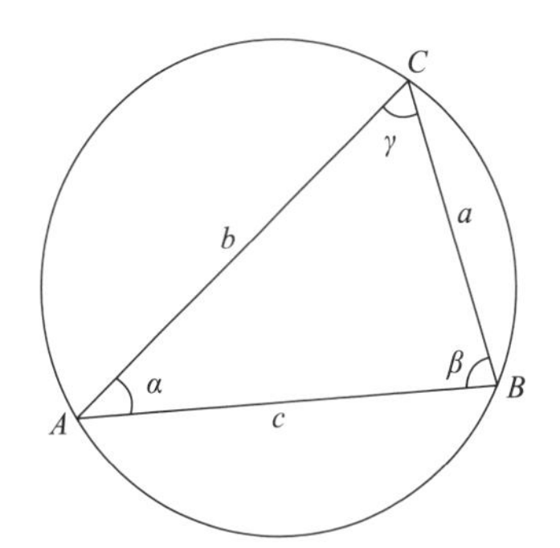

余弦定理

$$a^2=b^2+c^2-2bc\cos\alpha$$

$$b^2=c^2+a^2-2ac\cos\beta$$

$$c^2=a^2+b^2-2ab\cos\gamma$$

（详请参照第 1 章余弦定理）

手机通话系统的区域划分以及图标、地图的绘制均使用了数学定理（详请参照第 2 章的内容）。

数学小趣闻1

倍数增长的“可怕性”

丰臣秀吉询问家臣曾吕利新左卫门想要什么赏赐。他说：“我会给你任何你想要的东西，你有什么想要的就说吧。”

新左卫门仔细思索了一番，回答道：“这里有一间大约百张草席大小的房间，先在该房间铺满草席，然后在第一张草席上放 1 粒米，在第二张草席上放 1 粒的倍数 2 粒，在第三张草席上放 2 粒的倍数 4 粒，如此成倍增加，直到每张草席上都放上米，我想要这个房间里所有的米。”

“一张草席上放一袋米的话着实有些难办，但你只要这么一点就够了吗？”丰臣秀吉笑着询问道。秀吉想着：“虽说房间里可容下百张草席，但从 1 粒米开始增加，最多也不过 30 袋大米的量罢了。”

然而，丰臣秀吉的一位家臣计算后发现，到第 8 张草席时就需要一把的量（256 粒），第 30 张草席之后粒数突然急剧增加，用米袋计算，总共需要大约 2000 袋大米。对丰臣秀吉而言，2000 袋大米也不算多，但是到第 100 张草席究竟会增加到什么程度还不得而

知。对于此发现他感到惊恐万分。事实上，经过计算，100张草席共需要 5.25×10^{29} 袋大米，别说是日本，哪怕是把世界各国的大米全都收集起来也远远不够。

最终，丰臣秀吉不得不向新左卫门道歉，因为他没有办法拿出这么多大米。这个趣闻充分体现了倍数增长的“可怕性”。除此之外，在《尘劫记》（1627年由吉田光由编写的数学书）中还记载着这样的故事：正月里，老鼠夫妇生下了12只小老鼠，2月，这7对老鼠又各生了12只小老鼠，亲子加起来一共98只，如此增加，到了12月究竟会有多少只老鼠呢？答案是27682574402（2×7^{12}）只。

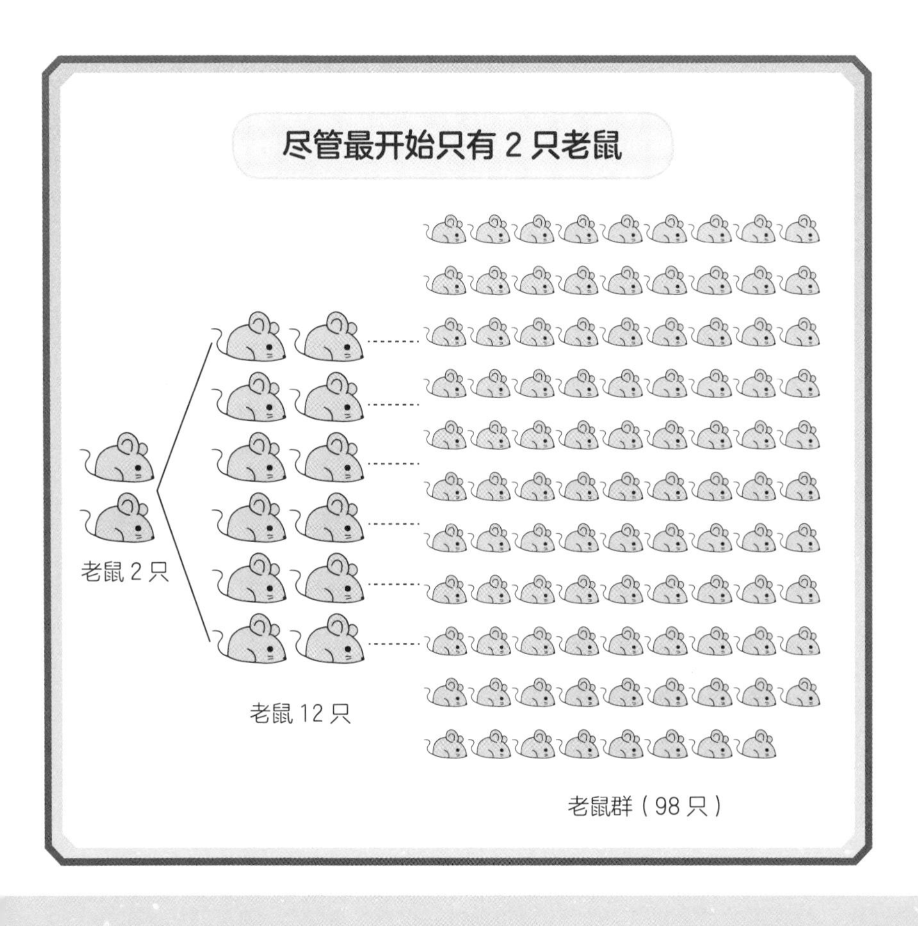

数学家

专栏 1

欧几里得

（公元前 330 年—公元前 275 年）

如同古希腊数学代名词的“欧几里得”实际上是一位数学家的名字，欧几里得总结并编著了将数学体系化的巨作《几何原本》。时间过去了 2000 多年，《几何原本》依然作为数学领域的“圣经”广为流传。但是关于欧几里得这个人大家知之甚少。

柏拉图创立的柏拉图学院奠定了欧几里得的数学基础，在此基础之上，欧几里得编写了几何学的教科书《几何原本》。欧几里得正是使用这本包含五大公理和五大公设的《几何原本》向托勒密一世（公元前 367 年—公元前 282 年）讲授几何学的。当时托勒密一世问道：“我可以不用这本《几何原本》学习几何学吗？”

欧几里得回答道：“几何学里没有捷径。”也就是说，学习无身份地位的区别，是没有捷径的。

除此之外，还有这样一个故事。一位青年在向欧几里得学习几何学时问道：“我学习这么难的东西又能得到什么呢？”欧几里得马上叫来了仆人，对仆人说：“请马上给这位青年一些钱财，这位青年认为学习一定能使他得到些什么。”

著名的数学定理

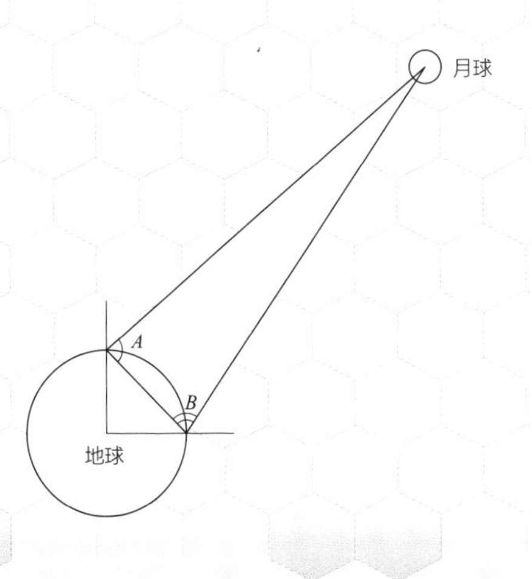

勾股定理与三角函数

数学的起源可以追溯到古希腊时代。当时，数学与生活是密切相关的。

人们由天文学推导出了日历，因河川泛滥而开始的对土地面积的测算工作孕育了微积分学。

到了现代，数学的应用变得更为复杂、更难察觉，而我们依然生活在数学的恩惠之中，它对世界的影响超乎我们的想象。

举个简单的例子，电是我们生活中不可或缺的东西，而数学正是电学的基础。**我们在考取与电力相关的资格证书的时候，数学是必须学习的一门学科，其中三角函数是常见的考题**。

当我们看到 sin、cos 和 tan 时，可能会觉得三角函数的难度很大。实际上，我们在学习三角函数时可以从三角比和勾股定理的角度出发。勾股定理是欧几里得几何学中最广为人知的定理（参见第 3 章）。

据说，第一个想到将数学应用于日常生活的人是古希腊数学家泰勒斯。

泰勒斯发现，当直角三角形的其中一个锐角 θ 相同时，所有这样的三角形均为相似三角形。他由此计算出金字塔高度的故事广为人知。

勾股定理也被称为毕达哥拉斯定理

勾股定理与三角函数

通过影子作已知三角形的相似三角形，可计算出金字塔的高度。

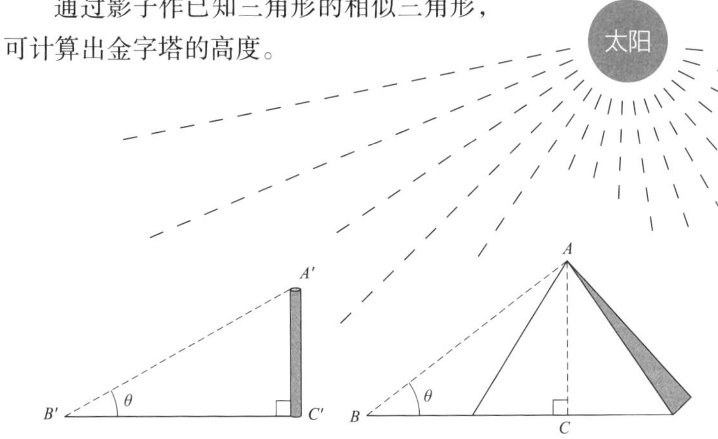

由金字塔的影子形成的△ABC与利用竹竿的影子做出的△$A'B'C'$为相似三角形。

$AC : A'C' = BC : B'C'$

因此，金字塔的高度如下所示。

$$AC = \frac{A'C' \times BC}{B'C'}$$

三角比的思考方式

在直角三角形中，三边与三角的关系如下。

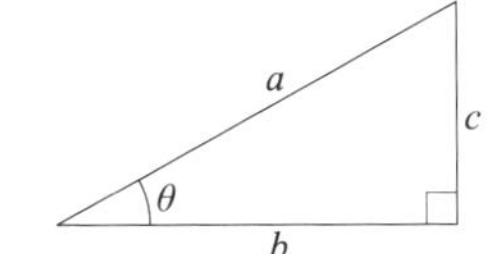

$\frac{c}{a} = \sin\theta$

$\frac{b}{a} = \cos\theta$

$\frac{c}{b} = \tan\theta$

勾股数

如3、4、5或5、12、13等，满足$a^2=b^2+c^2$的正整数组被称为勾股数，这是因为这些正整数组是由研究勾股定理的学者们得出的。

正弦定理及其应用

三角比是指直角三角形的其中两条边之比；而三角函数是以角度为自变量，并以对应的三角比为因变量的函数。**可以说，三角函数是从三角比的广泛应用发展而来的**。

利用三角形性质的三角测量法可以追溯到公元前 2 世纪左右。据说是古希腊天文学家喜帕恰斯（又译作依巴谷）在发明了三角学后，又在此基础上使用了正弦定理，从而得出了三角测量法。

前文中已讲到三角函数被广泛应用到距离的测算中，简单而言，三角测量法就是将待测的区域用三角形依次填充，进行距离测量的方法。

三角测量法是指已知三角形的其中一条边的边长，以及该边两端对应的两个角的角度，则可以计算出剩余两条边边长的方法，也称为"正弦定理"。

也就是说，只要知道$\triangle ABC$其中一条边的边长AB，和其两端的$\angle A$和$\angle B$，即可计算出AC和BC的长。

在中学数学中我们学习的"sin"指的就是正弦，它在正弦定理中发挥着重要作用。

那么，正弦定理是如何应用于日常生活的呢？利用三角测量法，我们可以进行大范围、远距离的测量，因此正弦定理被广泛应用于大范围的距离测算工作中。

比如，我们可以通过这个方法计算出地球与月球之间的距离，地球与人造卫星之间的距离，等等。其实，数学定理早在不知不觉中就广泛应用于日常生活的各种场景了。

在远距离的测量工作中，正弦定理至关重要

正弦定理

$$\frac{a}{\sin A}=\frac{b}{\sin B}=\frac{c}{\sin C}=2R$$

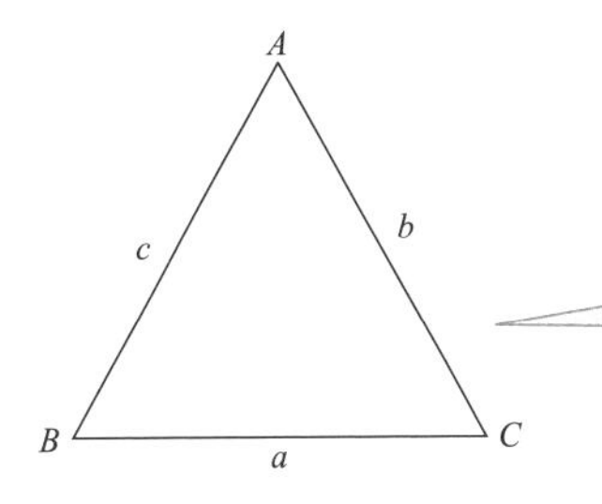

设三角形的 3 个内角分别为 $\angle A$、$\angle B$ 和 $\angle C$，它们所对应的边的边长分别为 a、b 和 c。设 $\triangle ABC$ 的外接圆的半径为 R，则正弦定理成立。

（测量出 3 个角的角度，即可求出地球到月球的距离）

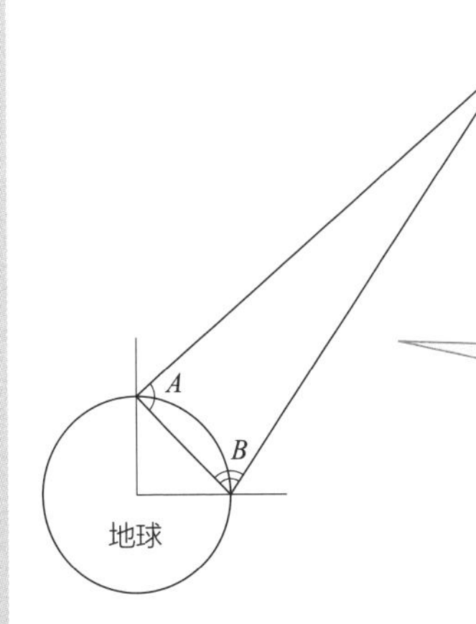

在测量出每个角的角度后，就可以通过正弦定理计算出地球与月球间的距离。

三角比的定义

$$\sin\theta=\frac{高}{斜边}=\frac{b}{c}$$

$$\cos\theta=\frac{底边}{斜边}=\frac{a}{c}$$

$$\tan\theta=\frac{高}{底边}=\frac{b}{a}$$

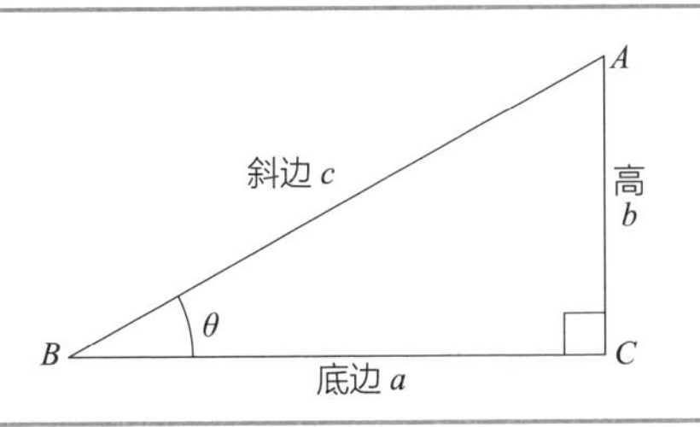

余弦定理及其应用

假设我们需要测量 A、B 两点之间的距离，但是 A、B 两点间存在建筑物、树木、高山等各种障碍物，导致我们没有办法直接测量。在这种情况下，我们只要利用三角函数就能求得 A、B 两点间的距离。

选择一处与 A、B 两点间均不存在障碍物干扰的 C 点，构成 $\triangle ABC$。分别测量 AC、BC 的距离，以及 $\angle C$ 的角度，即可通过三角函数计算出 A、B 两点间的距离。

已知三角形的两边及其夹角求第三边的方法被称为余弦定理。

余弦定理的思考方式如下。若已知 BC、AC 的长，以 $\triangle ABC$ 的其中一边 BC 为底边作高 AH，AH 将该三角形分成两个直角三角形。接着，利用三角函数与勾股定理求第三边（AB）的长。

余弦定理是由直角三角形 ACH 与直角三角形 AHB 推导而来的。**余弦用 cos 表示**。假设直角三角形的斜边长为 c，底边长为 b，则

$$\cos\theta=\frac{b}{c}$$

$$\cos 60°=\frac{1}{2}$$

求 cos 的式子为：$\cos\theta=\frac{\text{底边}}{\text{斜边}}$。当直角三角形的斜边长是底边长的 2 倍时，则两边的夹角为 60°。（参照第 23 页的三角比图。）

利用三角函数即可求得直角三角形的角度

余弦定理

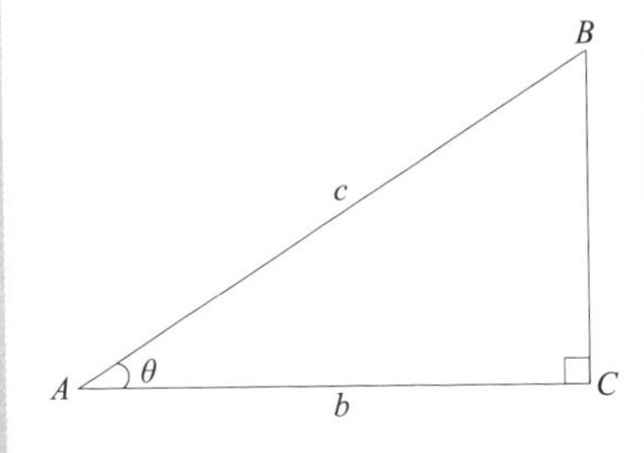

余弦定理是指已知直角三角形的斜边长为 c，底边长为 b，则

$$\cos\theta = \frac{b}{c}$$

$$c^2 = a^2 + b^2 - 2ab\cos C$$

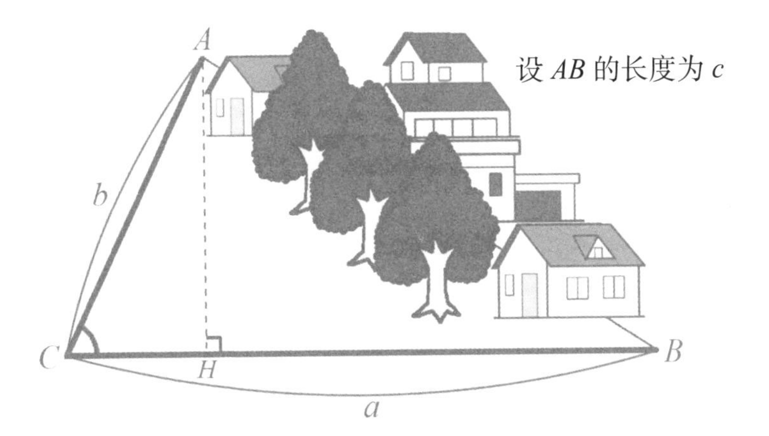

设 AB 的长度为 c

- 在测量 A、B 两点之间的距离时，因为存在树木、房屋等障碍物而无法直接测量，此时我们可以利用余弦定理求 AB 的长。
- 任意选择一处点 C，测量 AC 与 CB 的距离，设 AC 的长度为 b，CB 的长度为 a。
- 作直角三角形 ACH、AHB，通过由三角函数与勾股定理推导而来的余弦定理计算 AB 的长度。

泰勒斯定理及其应用

泰勒斯（约公元前 624 年—公元前 546 年）被称为最古老的数学家，他还是著名的哲学家，古希腊七贤之一。

泰勒斯最被后人所称道的功绩是，有些几何定理作为生活经验在土地测量等领域被广泛应用，但泰勒斯把它们整理成了一般性的命题，并论证了它们的严格性，从而奠定了几何学的基础。

在泰勒斯证明的众多定理中要数以下两个最为知名。

- 如果两个三角形有一条边以及该边两端的两个内角对应相等，则这两个三角形为全等三角形。
- 如果两个三角形有一个角以及构成该角的两条边对应相等，则这两个三角形为全等三角形。

除此之外，泰勒斯也研究过与圆周角相关的定理，如泰勒斯定理。

该定理的内容为：直径所对应的圆周角为直角，如下页图所示。假设圆心为 O 的圆的直径为 AB，在圆周上任意取一点 P，连接 AP、BP，则由 PA、PB 构成的圆周角为直角。

除此之外，泰勒斯在天文学领域也发挥了其卓越的才能。据记载，他曾只通过测量和计算就推导出了日食发生的时间。

泰勒斯是奠定几何学基础的伟大人物

泰勒斯定理及其证明方法

直径所对的圆周角为直角

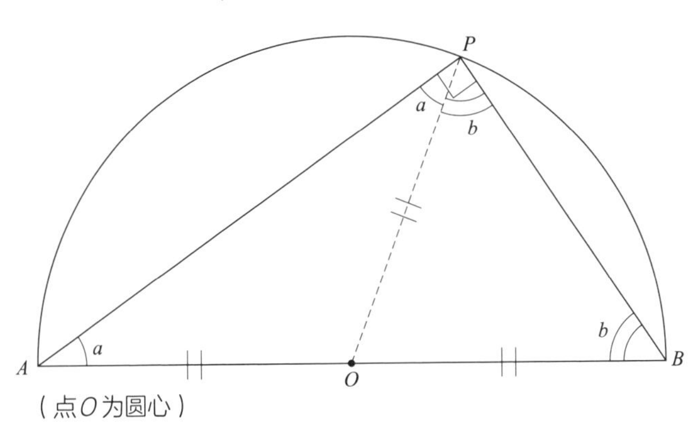

（点O为圆心）

已知△ *PAB*, 连接 *PO*，将三角形分成两个等腰三角形。分别将两个相等的角设为∠*a* 和∠*b*，则△ *PAB* 的内角和为

$(\angle a+\angle a)+(\angle b+\angle b)$

$=2(\angle a+\angle b)=180°$

因此

$(\angle a+\angle b)=\angle APB=90°$

圆周角定理

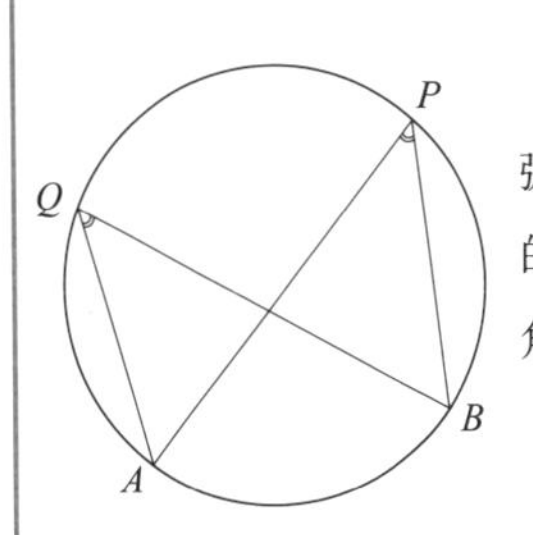

弧 *AB* 对应的所有圆周角都相等。

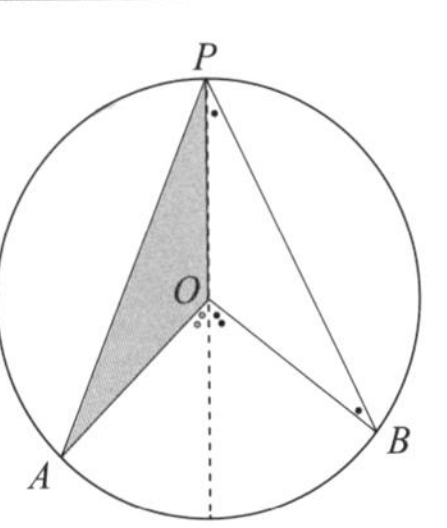

弧 *AB* 对应的圆周角的大小为其对应的圆心角的一半。

数学小趣闻2

勾股定理的推广

勾股定理的推广以本章介绍的正弦定理、余弦定理最具有代表性，但除此之外，仍有许多其他的定理。帕普斯证明的中线定理就是其中之一。

中线定理的具体内容为：已知$\triangle OAB$，取边AB的中点并设为M，则$OA^2+OB^2=2(MA^2+OM^2)$。

此外，连接三角形的顶点与顶点对应边的中点，可将该三角形分为两个面积相等的三角形。面积相等的三角形可称为等积形。

中线定理的其中一种证明方法为，过三角形的顶点O作三角形的高，再利用勾股定理即可求证。在证明关于三角形的一系列定理时，我们经常会用到勾股定理。

除中线定理之外还有托勒密定理，即在圆的任意内接四边形$ABCD$中等式$AB\times CD+AD\times BC=AC\times BD$始终成立，以及希波克拉底定理，即以直角三角形的两条直角边为直径向外作两个半圆，

以斜边为直径向内作半圆，则3个半圆所围成的两个月牙形的面积之和等于该直角三角形的面积。

月牙形的半圆被称为“希波克拉底之月”。这个定理真是美妙绝伦。

月牙 AC 的面积 + 月牙 BC 的面积 = $\triangle ABC$ 的面积

这个“希波克拉底之月”想必大家都曾见过，其面积为：以直角三角形两条直角边向外做的两个半圆（直径分别为 AC 和 BC）的面积加上三角形的面积，再减去直径为 AB 的半圆的面积。

勾股定理的推广

中线定理

$$OA^2+OB^2=2(MA^2+OM^2)$$

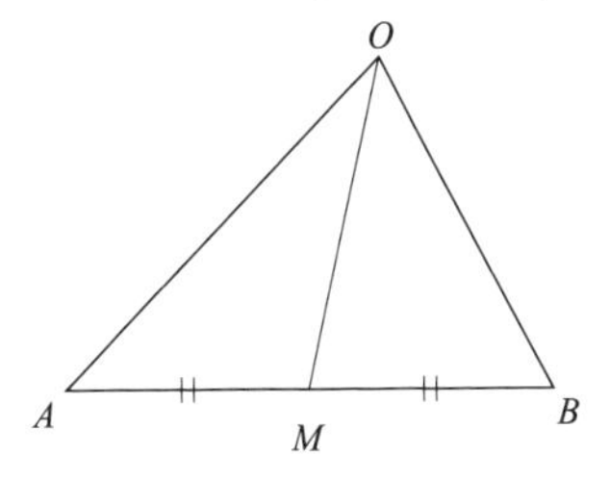

托勒密定理

$$AB\times CD+AD\times BC=AC\times BD$$

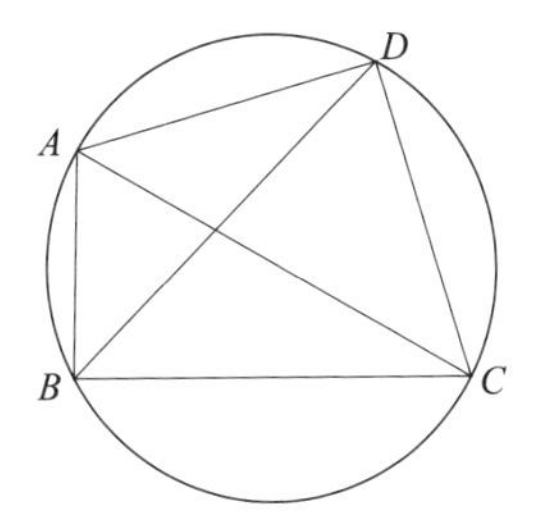

希波克拉底定理

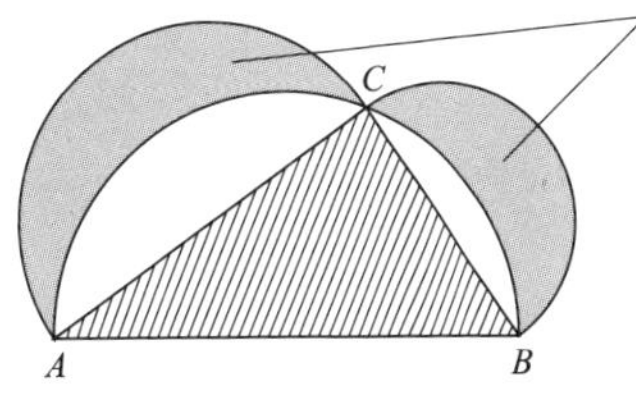

该部分被称为希波克拉底之月

月牙 AC 的面积 + 月牙 BC 的面积 = $\triangle ABC$ 的面积

数学家

专栏 2

卡尔·弗里德里希·高斯

（1777 年—1855 年）

数学界不乏天才，但高斯生来就有计算才能。

据说高斯在年仅 3 岁的时候，当身为石匠的父亲在向工人们支付工钱时，就指出了父亲在计算上的错误。而当高斯 10 岁的时候，当时学校的老师提出了如下问题："将 1 到 100 的每个整数相加，结果为多少？"高斯仅用几秒就算出了正确答案，那位老师对此感到万分震惊。

他的解题过程如下所示。

$$\begin{array}{r} 1+2+3+\cdots+99+100 \\ +\ 100+99+98+\cdots+2+1 \\ \hline 101+101+101+\cdots+101+101 \end{array}$$

$$101\times100=10100$$

$$10100\div2=5050$$

答案为 5050。

高斯在 19 岁时就发现了正十七边形的尺规作图法，他从此走上了数学研究的道路。从那之后，高斯将其数学上的研究发现详细地记在了他的日记本上，该日记本直到他去世 40 多年后才被发现。上面只记载了大量的研究结果，在当时，求证这些结果非常困难。这些研究结果体现的水平领先了当时的数学水平近百年。我们可以说高斯是一位数学天才。

融入生活的数学定理

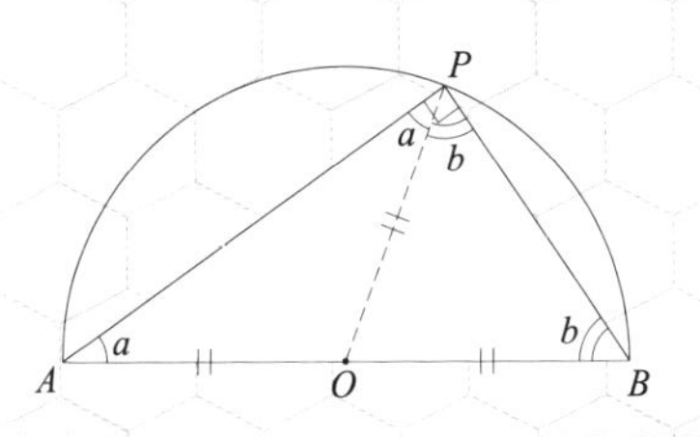

了解四色定理的实用性

在过去的欧洲，变更国境线是常有的事，因此，地图的变更就显得非常重要。地图变更的相关内容在著名数学家们的作品中都有记载。**在为地图上相邻两个国家进行色块区分时，有经验的印刷工都知道，只要有 4 种颜色，就可以绘制任何地图**。1852 年，英国数学家格斯里第一次提出四色问题。从那之后，许许多多的数学家和数学爱好者都参与了四色问题的求证过程。

在当时，四色问题被认为是非常容易证明的，但直到 1976 年，四色定理才被阿佩尔和哈肯两位数学家真正地证明。

看起来四色定理除了用于绘制地图，似乎没有其他用武之地，但其实在现代，四色定理也被应用于手机通话系统的区域划分。手机通话系统会受到频率的干扰，若是频率相同则容易造成手机占线。因此，技术人员正是采用了地图色块区分的方式来进行手机通话系统的区域划分的。

四色定理渐渐发展成为能够具体应用于日常生活中的定理，但它实际上是图论问题。

通过对四色定理的研究，图论（即一笔画问题）的概念得到了飞速发展，并且也应用于解决实际问题。

地图的色块区分中也用到了数学定理

4 种颜色就可以完成地图色块划分的证明

1852 年	格斯里第一次提出四色问题。
1872 年	凯利也提出四色问题。
1879 年	伦敦律师肯普宣称证明了该问题，却被希伍德（证明了五色定理）指出了错误。
1976 年	哈肯和阿佩尔通过计算机证明了四色问题（花费了约 4 年时间，1000 小时以上）。

四色定理的实用性

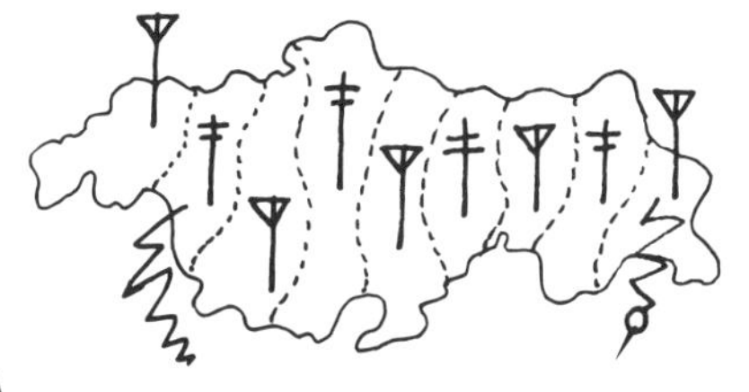

区分相同频率的电话基站。

四色定理的展开思考

柯尼斯堡七桥问题是数学图论研究领域的起点。柯尼斯堡的河上架有 7 座桥，假如一个步行者不重复、不遗漏地在 7 座桥上各走一遍，那么他最后是否可以回到出发点？解决这个问题的人是瑞士数学家欧拉。欧拉把这个问题抽象化为“把桥想象成线，是否能够一笔不重复地画出这 7 条线”的几何问题，最终他证明这是不可能的。这类图表也常被用于家谱图和组织关系图，其直观性使得内容更容易理解。

四色问题也可以从正多面体的角度进行思考。

① 对正四面体（4 个面）进行色块划分需要 4 种颜色。因为一条边与 4 个面都相连，因此至少需要 4 种颜色。

② 对正六面体（6 个面）进行色块划分需要 3 种颜色。相对的面使用相同的颜色，仅需 3 种颜色就可以完成。

③ 对正八面体（8 个面）进行色块划分需要 4 种颜色。虽然相邻两面可以交替使用 2 种颜色，但与顶点相连的两个面必须使用另外 2 种颜色。最终变成相对的面使用同种颜色，因此对正八面体进行色块划分至少需要 4 种颜色。

④ 对正十二面体（12 个面）进行色块划分需要 4 种颜色。4 种颜色分别使用 3 次，相对的面使用同种颜色。

⑤ 对正二十面体（20 个面）进行色块划分需要 3 种颜色。用其中一种颜色涂 6 个面，剩余的两种颜色分别涂 7 个面。

用数学方法判断图形是否可以一笔画成

柯尼斯堡七桥问题

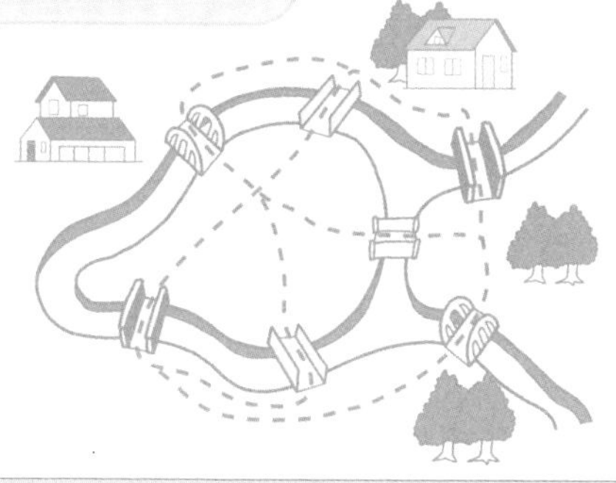

欧拉把桥看成线，将问题转化为一笔画问题。

能够一笔画出某种图形的充分必要条件

- 所有的顶点相连的边的数量为偶数。
- 相连边的数量为奇数的顶点有且仅有 2 个，剩余顶点相连的边的数量为偶数。

从正多面体的角度思考

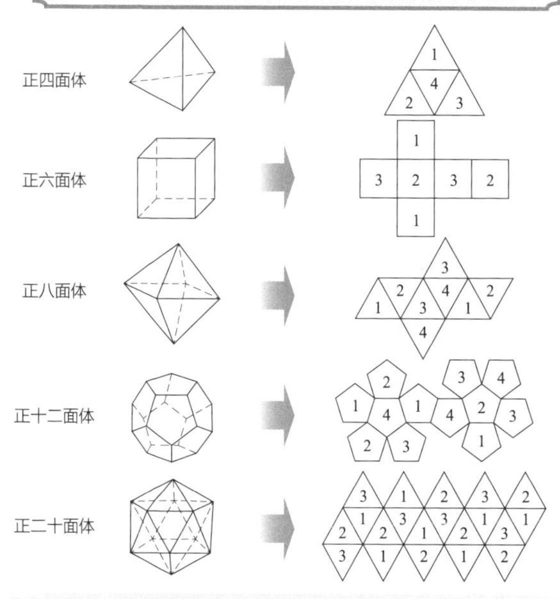

在正十二面体中，特殊情况下，如果顶点相同的面需要用不同的颜色，那么 5 种颜色才能完成色块的划分。

你知道足球不是球体而是多面体吗？

近年来，足球成为世界上非常受欢迎的运动之一。但是你知道足球其实是由五边形和六边形组成的多面体吗？

足球虽然无限接近于球体，但严格来说，足球其实是一个多面体。

通常，我们看到的足球是由 12 个五边形与 20 个六边形组成的。这种足球从 20 世纪 60 年代开始使用至今，是最具有代表性的足球。

足球由黑色的五边形与白色的六边形相互包围而成，被称为截角二十面体。因为它看起来像被切掉了各个顶点的正二十面体，所以才被冠上这个名字。

从前页的图中可以看出，正二十面体一共有 12 个顶点。将这 12 个顶点切成五边形，再与其他被切成六边形的面进行组合就是足球。

虽说足球是由 12 个五边形和 20 个六边形（共 32 个多边形）组成的多面体，但由于其 32 个顶点都与球形内接，所以足球在外形上非常接近于球体。

古希腊哲学家柏拉图发现正多面体有且仅有正四面体、正六面体、正八面体、正十二面体和正二十面体这 5 种类型。

足球上黑白相交的几何图案不仅是为了美观，其中还蕴含着丰富的数学知识。

震惊！足球居然不是球体！

足球是截角二十面体

足球是由将正二十面体的全部顶点截掉后形成的黑色五边形与白色六边形（总计32个多边形）组成的多面体。

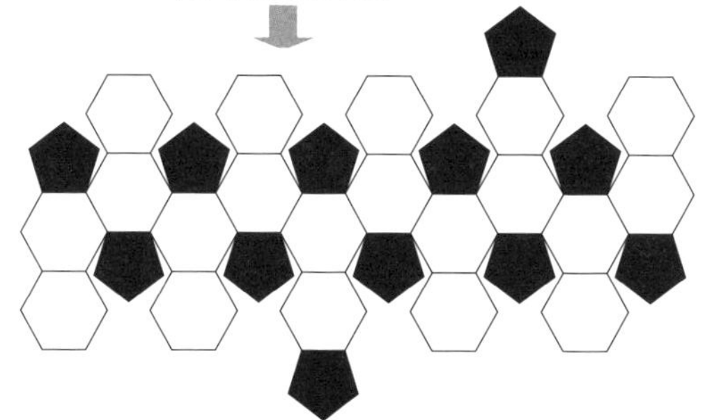

足球

12个正五边形（黑色）

20个正六边形（白色）

由上述共计32个多边形组成了足球。

欧拉的多面体定理

顶点数 - 边数 + 面数 = 2

正六面体	$8-12+6=2$
正八面体	$6-12+8=2$
正十二面体	$20-30+12=2$
正二十面体	$12-30+20=2$

蜂巢是六边形的理由

说起大自然中的正多边形，我们第一个就会想到蜂巢。如果只用一种正多边形铺满一个平面，那么这个正多边形的类型有且仅有正三角形、正方形和正六边形。

我们在日常生活中经常能见到的一些马赛克图案，乍一看可能觉得是正多边形，但实际上是由多种多样的多边形组合而成的。

数学家已经证明，如果要将正多边形的瓷砖铺满墙面，那么瓷砖的形状有且仅有 3 种。

能够完成瓷砖平铺的条件是，以正多边形的某一点为顶点平面镶嵌，最终需要恰好铺满一个周角（即 360°）。满足这个条件的多边形只有正三角形、正方形和正六边形 3 种类型。

在大自然中寻找三角形和四边形是一件困难的事情。大自然中的图案类型以圆形居多，如太阳、月亮。那为什么蜂巢不是以圆形镶嵌而是六边形呢?

在古希腊时代，帕普斯认为："蜜蜂要抵抗外敌的侵入，蜂巢只能采用正多边形，而与正三角形和正方形相比，同样周长的正六边形的面积最大，蜜蜂可以在蜂巢里储藏更多的蜂蜜，所以才采用了正六边形。"

确实，如果采用圆形镶嵌，蜂房间会产生缝隙，从而带来外敌入侵的风险。

假如采用正六边形进行平面镶嵌，"房间"与"房间"之间就没有任何缝隙。我们可以说，蜜蜂天生就知道如何才能最高效地储存蜂蜜。

铺瓷砖有方法

如果蜂巢以圆形镶嵌，那么蜂房之间就会产生缝隙

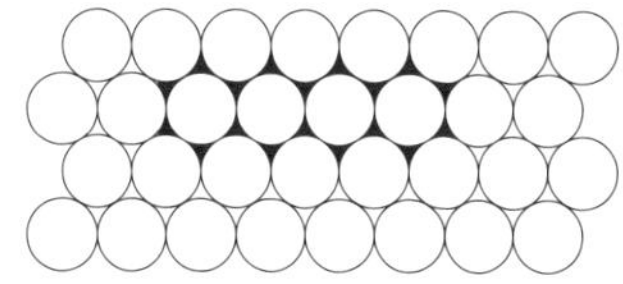

不是正三角形和正方形

正六边形

如果蜂房间有缝隙，那么既有外敌入侵的风险又不卫生。

3 种马赛克的图案类型

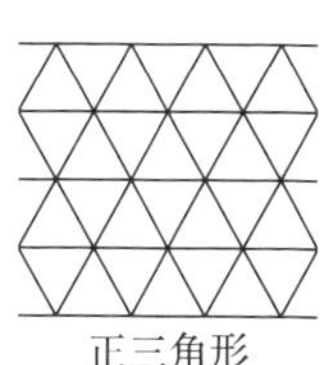

正三角形

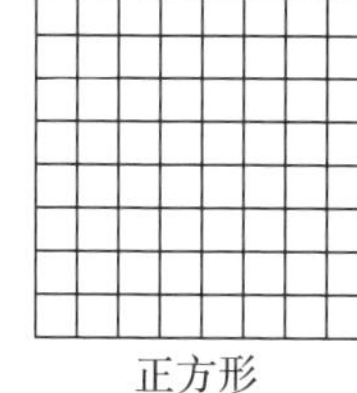

正方形

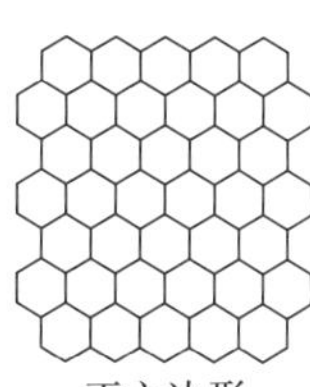

正六边形

证明只有正三角形、正方形和正六边形这 3 种图形能满足无缝隙平铺的方法

① 三角形的内角和为 180°。

② 以其中一个点为顶点平面镶嵌三角形，组成的 n 边形的内角个数为 n。

③ n 边形的内角和为（n–2）× 180°。

④ 正 n 边形的每个内角的度数如下所示。

$$\frac{n-2}{n}\times 180^\circ$$

接下来，我们思考如何将 A 个正 n 边形无缝隙地镶嵌在一个平面上。

⑤ 计算公式如下所示。

$$\frac{A\times(n-2)}{n}\times 180^\circ=360^\circ$$

$$A(n-2)=2n$$

$$An-2A-2n=0$$

$$An-2A-2n+4=4$$

$$(A-2)(n-2)=4$$

（$n\geqslant 3$，因为没有比三角形边更少的多边形）

⑥ 将整数代入（A–2）（n–2）= 4 中。

只有整数 1、2、4 才能使上述等式成立，即 1×4=4、2×2=4、4×1=4。

因此 n–2 = 1、2 或 4。

得 n = 3、4 或 6。

从东京天空树的顶部能望多远

东京天空树（位于东京都墨田区，又译作“东京晴空塔”）于2012年5月正式对外开放，是日本最高的电波塔。塔内除了有电波传输设施之外，还有很多商业设施，如展厅、办公室、大堂等。

东京天空树占地面积为$36844m^2$，高634m，在高350m处设有第一展望台，在高450m处设有第二展望台。据说，在天气晴朗的时候，在展望台上甚至可以看到东京近郊、神奈川、千叶、茨城等地。那么，在天空树的展望台上究竟能望多远呢？经过计算，我们可以得出第一展望台和第二展望台能望到的最远距离。

已知展望台的高度和地球的半径（为便于计算，我们将地球半径近似为6400km），利用相似三角形，即可求得展望台到地平线的直线距离。也就是说，以展望台为顶点作地平线的切线，即可求得展望台到切点的距离。

如右页图示，设地球是圆心为O的圆，地球的半径为OR；设展望台为点P，过点P作圆O的切线，切点为T，$\triangle PTQ$与$\triangle PRT$是相似三角形（$\angle P$为$\triangle PTQ$与$\triangle PRT$的公共角，且$\angle PTQ=\angle PRT$）。

然后利用相似比计算出展望台到地平线的距离PT。由此我们可以得出，从350m处的第一展望台上可以望到的最远距离约为67km，从450m处的第二展望台上可以望到的最远距离约为76km。

用同样的方法，我们也可以计算出从富士山顶远眺的最远距离。

从东京天空树上可以远眺大约70km

从天空树上可以眺望的最远距离

设天空树展望台为点 P，过点 P 作圆 O 的切线，切点为 T。

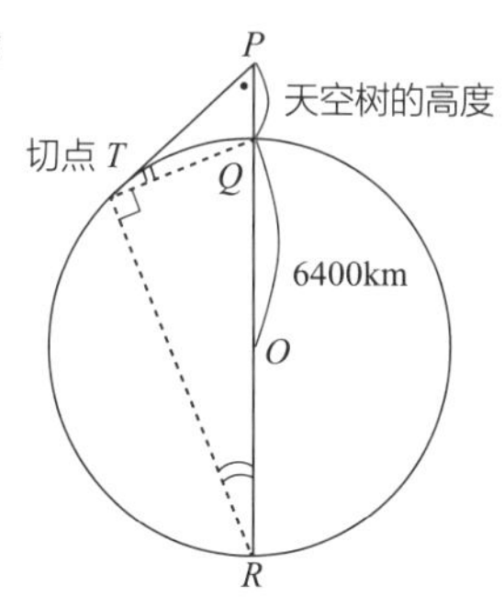

$\triangle PTQ \sim \triangle PRT$（两角相等）

$PT : PQ = PR : PT$

即 $\dfrac{PT}{PQ} = \dfrac{PR}{PT}$

因此 $PT^2 = PQ \cdot PR$

第一展望台　$PT^2 = 0.35\text{km} \times (0.35\text{km} + 6400\text{km} \times 2) \approx 4480\text{km}$

$PT \approx 67\text{km}$

第二展望台　$PT^2 = 0.45\text{km} \times (0.45\text{km} + 6400\text{km} \times 2) \approx 5760\text{km}$

$PT \approx 76\text{km}$

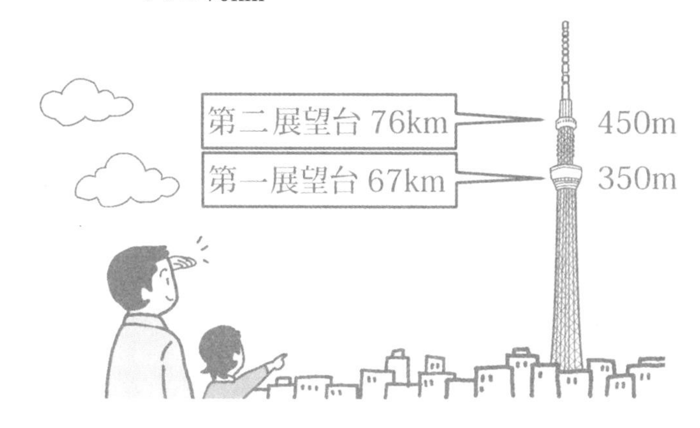

用同样的方法，我们可以计算出从富士山顶眺望的最远距离约为 230km。

正多面体的性质与欧拉多面体定理

正多面体也被称为柏拉图多面体。柏拉图时代的数学强调和谐性。说到平面图形中的和谐性，我们就会想到圆形、正多边形，以及球体、正多面体这类立体图形。我们会误以为只要增加面的数量就可以形成任何正多面体，实际上不是这样的。

正多面体有且仅有5种，它们分别为正四面体、正六面体（立方体）、正八面体、正十二面体和正二十面体。

“各个面都是全等的正多边形，每个顶点相连的面数相同。”只有同时满足上述两个条件的多面体才是正多面体。

柏拉图本来只是单纯地感动于正多面体外形的美感，当他知道正多面体还具有对偶关系时，他感叹道：“上帝是一位几何学家。”

对柏拉图来说，正多面体就像是“神作”一样美妙绝伦。

柏拉图通过观察这5种正多面体，分别取其中一面的中心为顶点，在此基础上尝试做出新的多面体。通过这种方法，他真的发现了其他的正多面体。

这种多面体被称为对偶多面体。正六面体的对偶多面体为正八面体，正十二面体的对偶多面体为正二十面体。

柏拉图名言：“上帝是一位几何学家。”

5 种正多面体

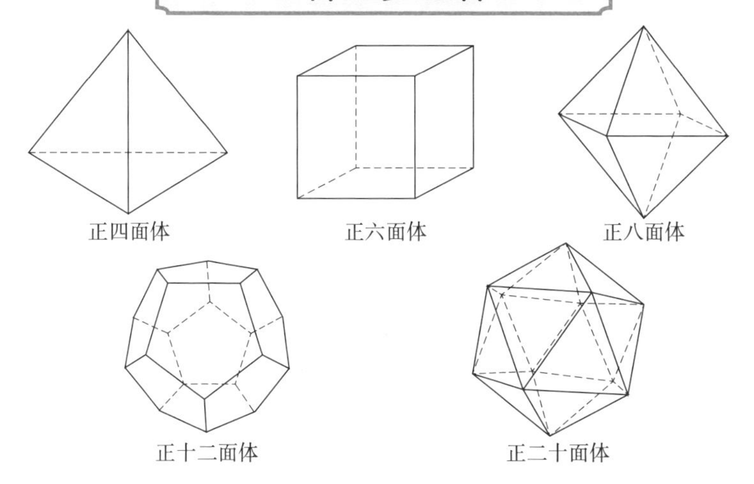

正多面体的特点

1．各个面都是全等的正多边形，并且各个顶点的平面角都相同。

2．正多面体各面的边数只可能是3、4、5。

正多面体的性质

	顶点数	边数	面数
正四面体	4	6	4
正六面体	8	12	6
正八面体	6	12	8
正十二面体	20	30	12
正二十面体	12	30	20

欧拉的多面体定理：设多面体的顶点数为 v，边数为 e，面数为 f，则式子 $v-e+f=2$ 成立。

数学小趣闻3

整数是美丽的数学女王

简洁而美丽的“质数”是指大于1，且除了1和它本身以外不再有其他因数的自然数，如2、3、5、7、11、13、17、19等。欧几里得（古希腊数学家）证明质数的个数是无限的。

在质数中，相差2的质数对被称为“孪生质数”。

例如5和7、11和13、17和19、137和139等，数学家们普遍认为孪生质数也存在无数对，但至今未能得到证明。

另外，如同6=1+2+3一样，如果一个自然数的所有真因子（除了自身以外的约数）的和恰好等于该数本身，那么这样的自然数被称为“完全数”。

古希腊数学十分重视这种“完全性”。偶数的完全数已经被欧拉证明，但奇数的完全数至今仍未被发现，也从未有人能证明奇数的完全数不存在。

除6之外，还有28=1+2+4+7+14、496=1+2+4+8+16+31+62+124+248、8128=1+2+4+8+16+32+64+127+254+508+1016+2032+4064。

这 4 个数早在古希腊时代就被发现，但第 5 个完全数直到 1700 年后才被发现。截至 2013 年，被发现的完全数已经有 48 个。

220 除了其自身之外的真因子有 1、2、4、5、10、11、20、22、44、55、110，这些真因子的和为 284。

与此同时，284 除了其自身之外的真因子有 1、2、4、71、142，这些真因子的和为 220。

在古希腊时代就被发现的这组数，被称为“亲和数”。除此之外还有很多亲和数，如费马发现的 17296 与 18416。

数学金字塔

美丽而又神奇！

$$11=6^2-5^2$$

$$111=56^2-55^2$$

$$1111=556^2-555^2$$

$$11111=5556^2-5555^2$$

$$0\times9+1=1$$

$$1\times9+2=11$$

$$12\times9+3=111$$

$$123\times9+4=1111$$

$$1234\times9+5=11111$$

$$12345\times9+6=111111$$

$$123456\times9+7=1111111$$

$$1234567\times9+8=11111111$$

$$12345678\times9+9=111111111$$

数学家

专栏 3

柏拉图

（公元前 427 年—公元前 347 年）

柏拉图作为古希腊哲学家而广为人知，但事实上，他在数学领域也做出了杰出的贡献。

柏拉图出生于雅典，苏格拉底是他的老师。在苏格拉底被宣判死刑后，柏拉图感受到了危险，于是离开雅典游历世界各地，并潜心研究数学。

回国后，柏拉图创立了柏拉图学院（如同现在的大学）。传闻，学院的大门上刻着这样的话——“不懂几何学的人不要入内”。

据说，柏拉图是棱柱、棱锥、圆柱、圆锥等研究的创始人，在多面体领域也留下了许多伟大的研究成果。

虽说证明正多面体有且只有 5 种类型的人不是柏拉图，但是据传柏拉图很早就知道了这个事实。

柏拉图将多面体比喻成风火水土，从正多面体的角度解释宇宙和谐的故事广为流传。

柏拉图哲学性的想象和数学性的思考，给重视证明过程的数学领域带来了巨大的影响，推动了古希腊数学的发展。

在学校学习的数学定理

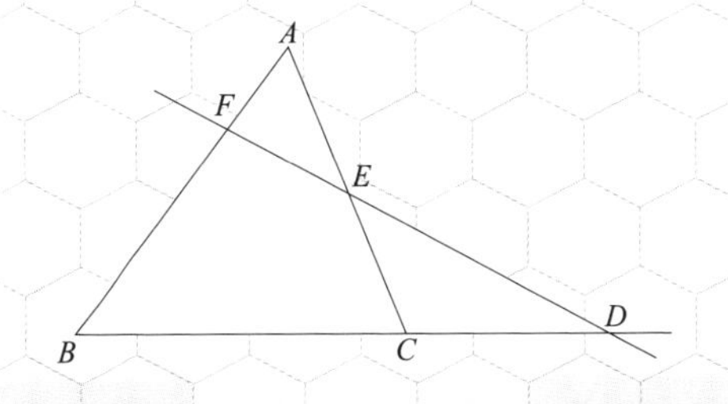

勾股定理

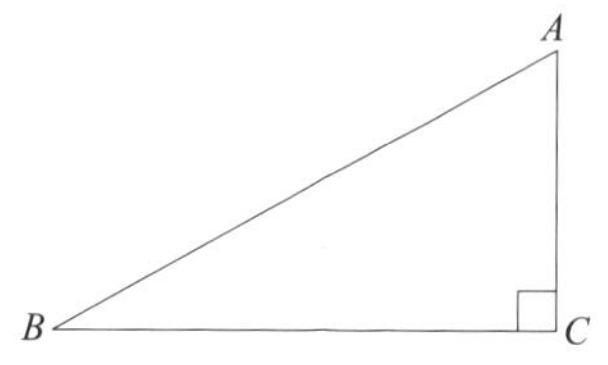

勾股定理，也称毕达哥拉斯定理，是初等几何学（欧几里得几何学）中最著名的定理。

在一个 $\angle C$ 是直角的直角三角形 ABC 中，$AC^2+CB^2=AB^2$。反过来，在 $\triangle ABC$ 中，假如上述式子成立，则 $\angle C$ 是直角。

在古希腊时代，勾股定理被广泛应用于土地面积的测量工作中。在地上插入木棒，在木棒上系上绳子，从而计算土地的面积。

勾股定理的证明

边长为（$b+c$）的正方形的面积为（$b+c$）^{2}。

该正方形可以看成由 4 个底边为 b、高为 c 的直角三角形与一个边长为 a 的正方形组成。

由 4 个三角形和 1 个小正方形组成的大正方形的面积为 $4\times\dfrac{bc}{2}+a^2$。

故 $(b+c)^2=4\times\dfrac{bc}{2}+a^2$

$b^2+2bc+c^2=2bc+a^2$

$a^2=b^2+c^2$

（另解）

$(b+c)^2-a^2=\dfrac{bc}{2}\times 4$

$b^2+c^2-a^2+2bc=2bc$

$a^2=b^2+c^2$

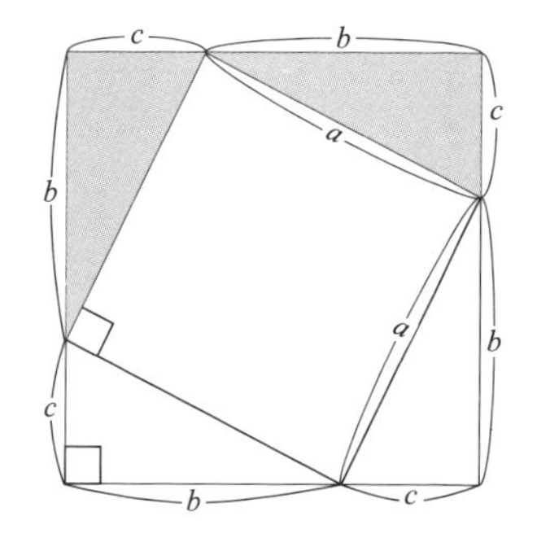

切瓦定理

在△ ABC 的 BC、CA、AB 三边上各取一点 D、E、F，当三条直线 AD、BE、CF 相交于一点 P 时，等式 $\frac{BD}{DC}\cdot\frac{CE}{EA}\cdot\frac{AF}{FB}=1$ 成立。

该定理被称为切瓦定理。反过来切瓦定理也成立。

利用切瓦定理求重心

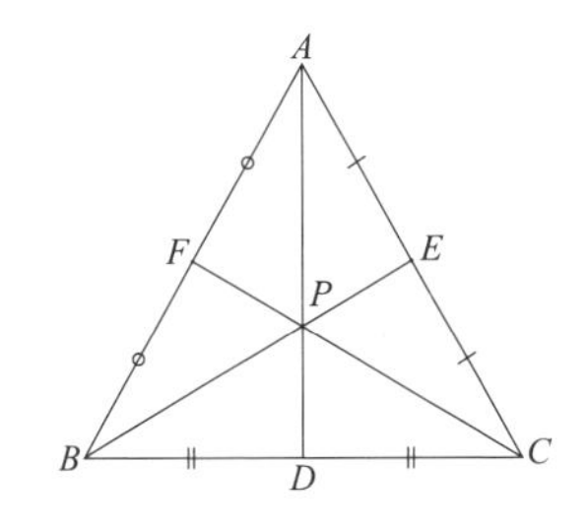

$BD=DC$、$EA=CE$、$AF=FB$

$$\frac{BD}{DC}=\frac{CE}{EA}=\frac{AF}{FB}=1$$

则

$$\frac{BD}{DC}\bullet\frac{CE}{EA}\bullet\frac{AF}{FB}=1$$

该交点 P 为三角形 ABC 的重心，这是切瓦定理的一种特殊情况。

切瓦定理的证明

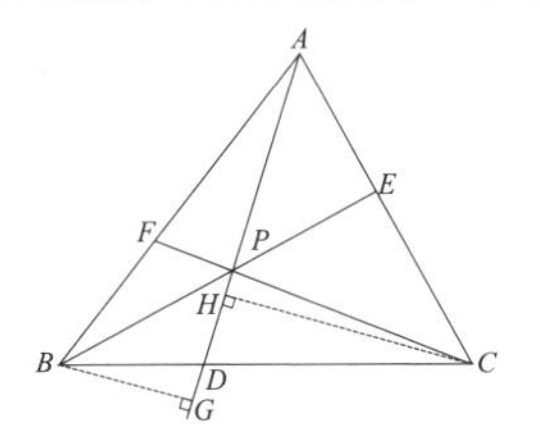

三条直线 AD、BE、CF 相交于一点 P。

过 B、C 两点作 AD 的垂线 BG、CH。在 △ABP 和△ACP 中，当 AP 为底边时，$\frac{S_{\triangle ABP}}{S_{\triangle ACP}}=\frac{BG}{CH}$。另外，由于 $BG//CH$，则 $\frac{BG}{CH}=\frac{BD}{CD}(\triangle GBD\sim\triangle HCD)$，那么$\frac{S_{\triangle ABP}}{S_{\triangle ACP}}=\frac{BD}{CD}$。

同理可得$\frac{S_{\triangle BCP}}{S_{\triangle ABP}}=\frac{CE}{EA}$、$\frac{S_{\triangle CAP}}{S_{\triangle BCP}}=\frac{AF}{FB}$。

$$\text{则}\frac{BD}{DC}\cdot\frac{CE}{EA}\cdot\frac{AF}{FB}=\underbrace{\frac{S_{\triangle ABP}}{S_{\triangle CAP}}\cdot\frac{S_{\triangle BCP}}{S_{\triangle ABP}}\cdot\frac{S_{\triangle CAP}}{S_{\triangle BCP}}}_{\text{可约分}}=1$$

门纳劳斯定理

一直线与△ABC的三边BC、CA、AB或其延长线分别相交于点D、E、F，则 $\frac{BD}{DC}\cdot\frac{CE}{EA}\cdot\frac{AF}{FB}=1$。

该定理被称为门纳劳斯定理。与切瓦定理一样，反过来门纳劳斯定理也成立。

门纳劳斯（约公元1世纪）是古希腊天文学家。

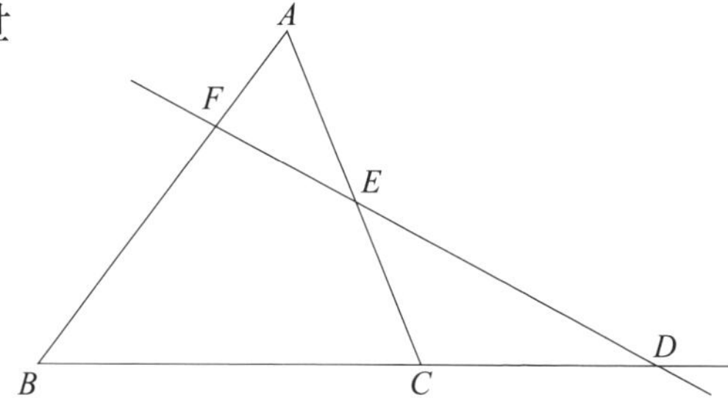

门纳劳斯定理的证明

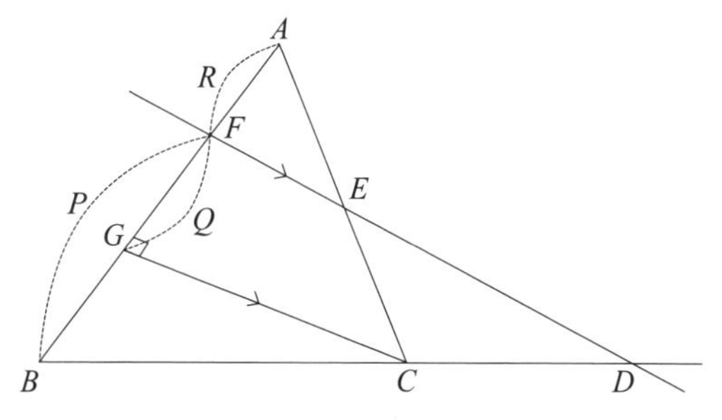

过点C作边DE的平行线，并与AB相交于点G。

设$BF=P$，$GF=Q$，$FA=R$

则

$\frac{BD}{DC}=\frac{P}{Q}$、$\frac{CE}{EA}=\frac{Q}{R}$、$\frac{AF}{FB}=\frac{R}{P}$

$$\frac{BD}{DC}\cdot\frac{CE}{EA}\cdot\frac{AF}{FB}=\frac{P}{Q}\cdot\frac{Q}{R}\cdot\frac{R}{P}=1$$

托勒密定理

这是在勾股定理的推广（见第 28 页）中提到过的定理。

在圆的内接四边形 $ABCD$ 中，$AB \cdot CD + BC \cdot AD = AC \cdot BD$。该定理被称为托勒密定理。

托勒密（约公元 1 世纪）是拉丁文 Ptolemaeus 的英语读法。

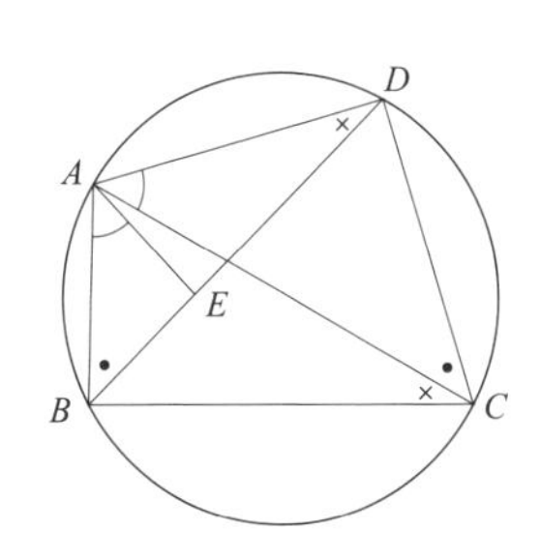

托勒密定理的证明

弦 BD 上存在一点 E，使得 $\angle BAE = \angle CAD$。$\triangle ABE$ 与 $\triangle ACD$ 为相似三角形。

（因为 $\angle BAE = \angle CAD$，$\angle ABE = \angle ACD$）

则 $$\frac{AB}{BE}=\frac{AC}{CD}，即 AB \cdot CD=AC \cdot BE \quad (1)$$

另外，$\triangle ABC$ 与 $\triangle AED$ 也为相似三角形。

（因为 $\angle BCA = \angle EDA$，$\angle BAC = \angle EAD$）

则 $$\frac{AD}{DE}=\frac{AC}{BC}，即 AD \cdot BC=AC \cdot DE \quad (2)$$

由式（1）和式（2）得出，$AB \cdot CD + AD \cdot BC = AC \cdot BD$。

（因为 $BD = BE + DE$）

希波克拉底的“月牙定理”

我们在勾股定理的推广（见第 28 页）里也提到过这个定理。

以直角三角形 ABC 的两直角边 AB、AC 为直径向外作半圆，以斜边 BC 为直径向内作半圆。直径为 AB、AC 的半圆的面积之和加上 $\triangle ABC$ 的面积减去直径为 BC 的半圆的面积，得到弧形 S_1、S_2 的面积之和，该面积和等于 $\triangle ABC$ 的面积 S_3。也就是说，$S_1+S_2=S_3$。该定理被称为希波克拉底定理。

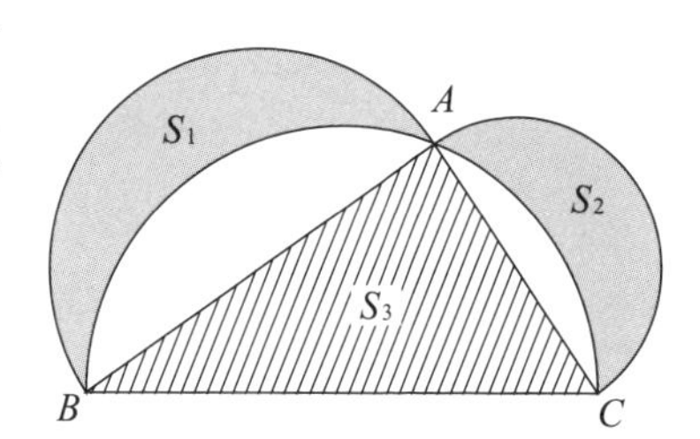

希波克拉底定理的证明

$$S_1+S_2=S_3+\left(\frac{AB}{2}\right)^2\pi\cdot\frac{1}{2}\text{（注：以 }AB\text{ 为直径的半圆的面积）}+$$

$$\left(\frac{AC}{2}\right)^2\pi\cdot\frac{1}{2}\text{（注：以 }AC\text{ 为直径的半圆的面积）}-$$

$$\left(\frac{BC}{2}\right)^2\pi\cdot\frac{1}{2}\text{（注：以 }BC\text{ 为直径的半圆的面积）}$$

$$=S_3+\frac{\pi}{2}\cdot\frac{1}{4}\underbrace{(AB^2+AC^2-BC^2)}_{\text{由勾股定理知结果为 }0}$$

$$=S_3$$

因此

$S_1+S_2=S_3$

弦切角定理

圆周角定理

在圆周上取两点 A、B，与圆周上的任意一点 P 组成的圆周角的大小始终相同。

同一条弧所对的圆周角的大小是确定的，等于它所对圆心角大小的一半。这就是圆周角定理。

半圆对应的圆周角为 90°（直角）。

弦切角定理

弦切角的度数等于它所夹的弧对应的圆周角的度数。这就是弦切角定理。

弦切角定理的证明

过圆心 O 作圆的直径 AC，以 AC 为边作 $\triangle ACB$。

因为　$\angle ABC = 90°$

则　$\angle ACB = 90° - \angle BAC$

另外，因为

$\angle BAT = 90° - \angle BAC$

$\angle APB = \angle ACB$（二者都为弧 AB 所对的圆周角）

所以 $\angle BAT = \angle ACB = \angle APB$

所以 $\angle BAT = \angle APB$

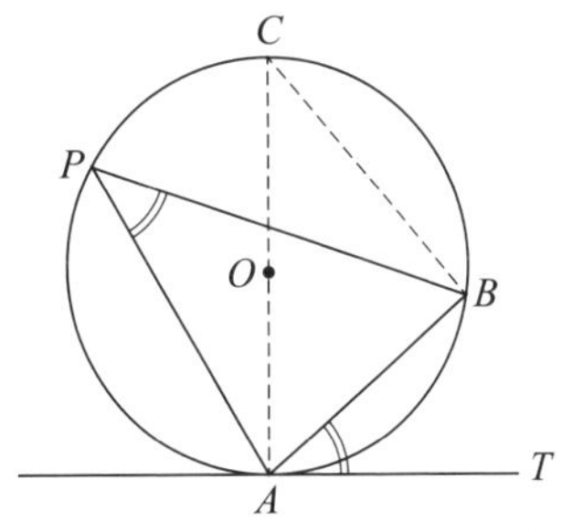

三角形重心·定理的应用

三角形有 5 个“心”（内心、外心、重心、垂心、旁心）。在这里，我们先来介绍简单的重心定理。

如果理解了三角形的重心定理，那么我们的解题思路就会更广一些。

三角形的 3 条中线交于一点，该点到各顶点的距离与该点到对边中点的距离之比为 2 : 1。这个点被称为三角形的重心。

下面我们来尝试应用三角形的重心定理。

在平行四边形 $ABCD$ 中，对边 AD、BC 的中点分别为 E、F。连接 AF、CE，分别与对角线 BD 相交于点 P、Q。请证明 $BP=PQ=QD$。

利用三角形重心定理进行证明

依照问题作图①。

如图②所示，作四边形 $ABCD$ 的对角线 AC，AC 与 BD 相交于点 O，则 $BO=OD$、$AO=OC$。在△ ABC 中，$AO=OC$，$BF=FC$，则点 P 是△ ABC 的重心。

因此 $BP=2PO$，同理 $QD=2OQ$。

设 $PO=1$，则 $BP=QD=2$，$PO=OQ=1$，$PO+OQ=PQ=2$。

因此，得 $BP=PQ=QD$。

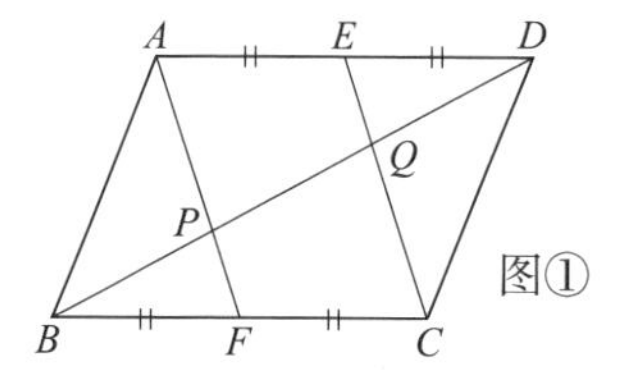

图①

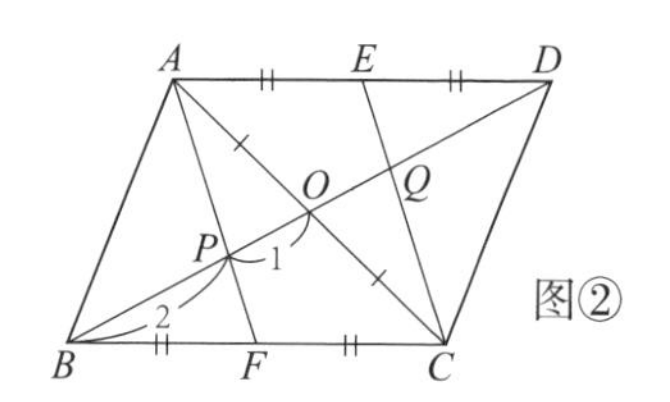

图②

圆幂定理

在圆 O 外取一点 T，过点 T 作圆的切线，切点为 P。过点 T 作直线，与圆交于 A、B 两点，此时，下列等式成立。

$TP^2 = TB \times TA$

该定理被称为圆幂定理。

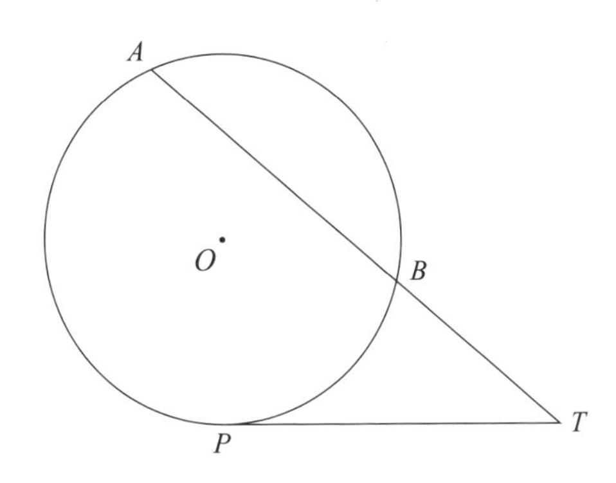

圆幂定理的证明

如下图，连接 AP、BP，根据弦切角定理可得

$$\angle PAT = \angle BPT \tag{1}$$

在 $\triangle APT$ 与 $\triangle PBT$ 中

$$\angle ATP = \angle PTB \tag{2}$$

由式（1）和式（2）可以得出，$\triangle APT$ 与 $\triangle PBT$ 为相似三角形。

则 $TA : TP = TP : TB$

因此，$TP^2 = TB \cdot TA$ 成立。

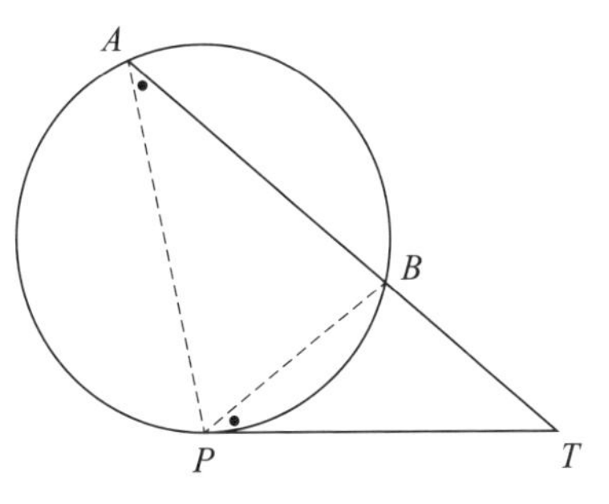

PT 为圆的切线，P 为切点

中位线定理

在△*ABC* 中，连接 *AB*、*AC* 两边的中点，所形成的线段与另一边 *BC* 平行。同时，该线段的长度为 *BC* 长的 1/2。该定理被称为中位线定理。

在右图中，点 *M* 是 *AB* 的中点，点 *N* 是 *AC* 的中点。

中位线定理的证明

在△*ABC* 中，*AB*、*AC* 的中点分别为点 *M*、*N*。延长 *MN* 至点 *D*，使 *MN*=*ND*。

则△*AMN* ≌△*CND*

因此，*AM*=*CD* 且 *AM*//*CD*，*MB*=*CD* 且 *MB*//*CD*。

在四边形 *MBCD* 中，因为一组对边平行且相等，所以四边形 *MBCD* 为平行四边形。

又因为 *MN*=*ND*，

所以 1/2*BC*=*MN* 且 *BC*//*MN*。

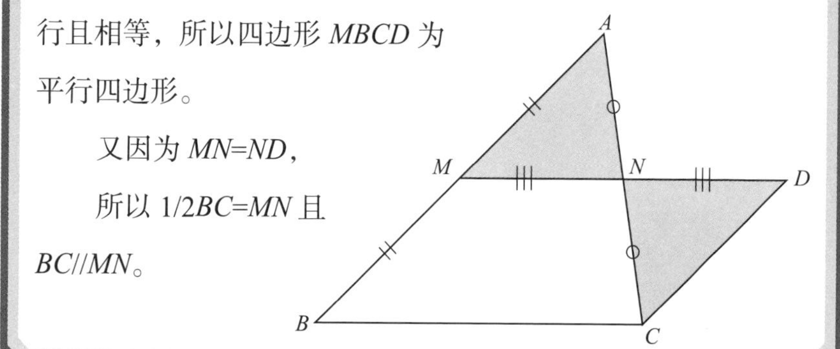

西姆松定理

在△ABC 的外接圆上任意取一点 P（异于三角形顶点），过点 P 分别作 AC、BC、AB 的垂线，与三角形的三条边或其延长线的交点分别为 D、E、F，则点 D、E、F 在一条直线上，这条直线被称为西姆松线。

早期我们一直以为西姆松定理是由西姆松发现的，但后来经过调查才知道，西姆松定理的真正发现者是华莱士。从那之后也有人把西姆松线称为华莱士线，但我们普遍还是称之为西姆松线。

西姆松是英国人，格拉斯哥大学的教授，他因为翻译了欧几里得的《几何原本》而广为人知。

按文字描述作图

西姆松定理如下图所示。

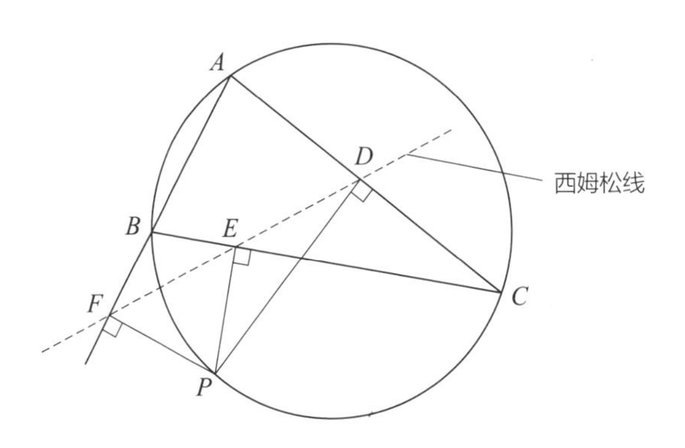

理解上述文字并且正确地画出图形，能够锻炼我们的理性思考能力。请各位同学一定要尝试。

数学小趣闻 4

计算符号究竟是什么时候诞生的呢？

在日常生活中，我们经常会用到计算符号。在这些符号发明之前，所有的数学内容都需要用文字来描述，十分烦琐。

那么究竟是谁在什么时候发明了计算符号呢？

数学作为所有学科中历史最悠久的学科，它拥有 4000 多年的历史。但是计算符号在 15 世纪～17 世纪才开始被使用，仅有 500 年左右的历史。

为什么计算符号集中在这个时期被发明出来呢？这是有理由的。15 世纪的欧洲迎来了大航海时代。

1492 年，哥伦布发现了美洲大陆。

1498 年，达·迦马开辟了东印度航线，同时也推动了欧洲和亚洲贸易的发展。也正是因为贸易的发展，才使得长途航海的安全性受到空前重视，并由此推动了天文学的发展。

天文学研究的主要内容是星体的具体位置，因此常常需要复杂的计算。专业的计算师因此诞生。为了更快、更准确地算出结果，计算师们发明了计算符号。

在大航海时代，在资源变得丰富的同时，数学也得到了高速发展。

若是没有计算符号，人类社会会是什么样子呢？

哪怕只是表现“1+1=2”，我们也需要用复杂的文字说明“1 加上 1 的和为 2”。比起文字，用符号来表达数学显然更为简单、便利。多亏了计算符号，科学技术才能得到长远的发展，我们的社会才得以进步。

计算符号的发明

+、−	1480 年左右	已经存在
$\sqrt{\ }$	1489 年左右	德国人发明
( )	1556 年左右	意大利人发明
=	1560 年左右	英国人发明
×	1630 年左右	英国人发明
÷	1660 年左右	德国人发明
π	1705 年左右	英国人发明

思考下列等式中应该填入什么符号

（1）18（ ）5=30（ ）7

（2）6（ ）3=10（ ）8

（3）42（ ）7=2（ ）3

答案（1）+ −（2）× +（3）÷ ×

数学家
专栏 4

莱昂哈德·欧拉

（1707 年—1783 年）

虽然用符号“π”来表示圆周率是英国人琼斯首次提出的，但因数学家莱昂哈德·欧拉的提倡才得以推广开来。

欧拉说：“可以用 π 来表示数字 3.141592653…。π 是半径为 1 的半圆的弧长。”

除此之外，他在整数论、位相几何学、特殊函数、解析力学、数值计算等领域都做出了杰出的贡献。

欧拉的父亲既是一位牧师，也是一位著名数学家的学生。父亲希望欧拉继承自己的衣钵，也成为一名牧师。某一天，父亲把自己学到的数学知识教授给了他，这个行动促使欧拉踏上了数学研究的道路。

欧拉在大学一边学习神学，一边学习数学，父亲劝说欧拉放弃数学，成为一名牧师。但是欧拉的数学老师劝说欧拉选择数学。最终，欧拉成功地说服了父亲，走上了数学研究的道路。

选择了数学的欧拉，果然在数学领域获得了巨大的成功。欧拉是 18 世纪最具代表性的数学家之一。

学了有好处的数学定理

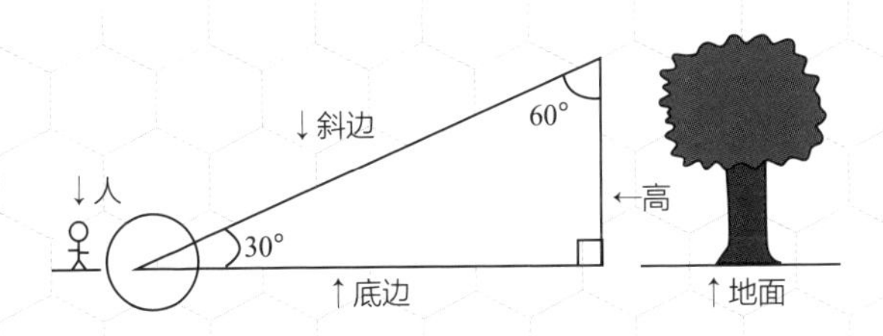

理解二项式定理

当 n 为正整数时，以下等式成立。

$$(a+b)^n = C_n^0 a^n + C_n^1 a^{n-1}b + C_n^2 a^{n-2}b^2 + \cdots + C_n^r a^{n-r}b^r + \cdots + C_n^{n-1} ab^{n-1} + C_n^n b^n$$

该定理被称为二项式定理。

C_n^r的 C 取的是 Combination（组合）的首字母，C_n^r也被称为二项式系数。

利用二项式定理，我们可以推导出各种等式。此外，我们可以用三角形排列二项式系数，这样的三角形被称为杨辉三角（又叫作帕斯卡三角形）。

杨辉三角在意大利也被称为塔塔利亚三角形。塔塔利亚发现了一元三次方程式的解法。在中国，该解法大约在 1300 年被发现。

帕斯卡利用数学归纳法证明了第 m 行的数字之和为 2^{m-1}。另外，有趣的是，把三角形中各行的数字左对齐，其右上到左下对角线上的数字的和等于斐波那契数列中的数字。

斐波那契数列指的是 1、1、2、3、5、8、13、21、34、55、89、144、233、…，该数列的规律为从第 3 项开始，每一项都等于前两项之和。

从古至今，天文学都与我们的日常生活密切相关，在过去，人类常常观星航海。但把天文学归类为科学的是古希腊天文学家阿里斯塔克。同时，他也是日心说的创始人（之后哥白尼提出了完整的日心说宇宙模型）。

二项式定理

$$(a+b)^n = C_n^0 a^n + C_n^1 a^{n-1}b + C_n^2 a^{n-2}b^2 + \cdots + C_n^r a^{n-r}b^r + \cdots + C_n^{n-1} ab^{n-1} + C_n^n b^n$$

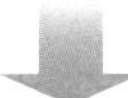

求（$a+b$）^{n} 展开式的系数，并排列成如下形式。

$$n=0 \to 1$$
$$n=1 \to 1 \quad 1$$
$$n=2 \to 1 \quad 2 \quad 1$$
$$n=3 \to 1 \quad 3 \quad 3 \quad 1$$
$$n=4 \to 1 \quad 4 \quad 6 \quad 4 \quad 1$$
$$n=5 \to 1 \quad 5 \quad 10 \quad 10 \quad 5 \quad 1$$
$$n=6 \to 1 \quad 6 \quad 15 \quad 20 \quad 15 \quad 6 \quad 1$$

该三角形被称为杨辉三角，又叫作帕斯卡三角形

帕斯卡是法国天才数学家，父亲是鲁昂市的税务官。为了减轻父亲计算的负担，帕斯卡发明了计算器。他的一句名言是“人类是一根会思考的芦苇”。

二项式定理小笔记

杨辉三角中数字的排列遵循一个简单的规则。

先在最上层写数字 1。下行数字为其右上角与左上角数字之和。举例来说，第 5 行从左数的第 2 个数字是 4，是其左上角的数字 1 与右上角的数字 3 的和。其他数字的排列方式以此类推。

斐波那契数列及其神奇的功能

我们在介绍杨辉三角时提到了斐波那契数列。斐波那契在其编写出版的《算盘全书》中提到了该概念。

“已知每月一对兔子生产一对小兔子，每对小兔子在出生第 2 个月就开始生小兔子，假如兔子没有死亡，请问一对小兔子在一年后共繁殖了多少对？”

兔子的数量为 1、1、2、3、5、8、13、21、34、55、89、144、233、…，并以此方式增加。该数列具有从第 3 项开始，每一项都是前两项之和的规律。

$a_1=1, a_2=1, a_n=a_{n-2}+a_{n-1}(n \geqslant 3)$

斐波那契数列也体现于其他的自然现象中。比如花瓣的数量、草和叶子的生长方式等。举个例子，一般而言，大波斯菊的花瓣为 8 瓣，小雏菊的花瓣为 21 瓣，向日葵的花瓣为 34 瓣。

另外有趣的是，当趋向于无穷大时，斐波那契数列中相邻两个数字之比趋近于黄金分割。黄金分割的历史可以追溯到古希腊时代毕达哥拉斯学派对五角形的研究。

证明“托勒密定理”的数学家托勒密原本是一位天文学家，他在《天文学大成》一书中记载了星座共有 48 个，这个结论源自古罗马神话。这种说法也被称为“托勒密星座学”。

兔子问题

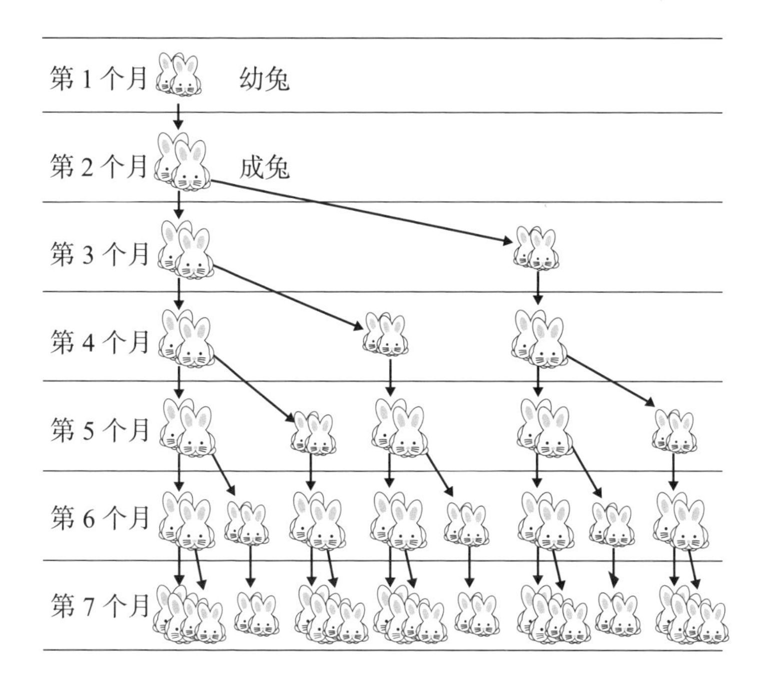

首项为1，第2项为1，从第3项开始，每一项是前两项之和，该数列为1，1，2，3，5，8，13，21，34，55，89，144，233，…。

斐波那契数列小笔记

与此类似的数列还有泰波那契数列。与斐波那契数列不同，泰波那契数列的规律为“从第4项开始，每一项是前3项之和”，泰波那契数列的前几项为0，1，1，2，4，7，13，24，44，81，149，274，504，927，1705，3136，5768，10609，19513，35890，66012，…。

斐波那契数列与黄金分割

我们在上文中提到，随着数字增大，斐波那契数列相邻两项的比越来越接近黄金分割。那这个黄金分割究竟是什么呢？

黄金分割被称为“全宇宙最美丽的数值”。小到名片的大小，大到行星的轨道都与黄金分割密切相关。据说，我们人类身体的比例也与黄金分割有关。黄金分割具体如下。

用点 C 把线段 AB 分成两部分，使得 $AC:AB=BC:AC$，即 $AC^2=BC\cdot AB$，则被点 C 分割成的两条线段长度的比值被称为黄金分割。比值为 $BC:AC=(\sqrt{5}-1):2\approx 0.618$

据说，这个比值早在公元前 4 世纪的古希腊就有人提出过，但为它冠上“黄金分割”之名的是列奥纳多·迪·皮耶罗·达·芬奇。

黄金分割被广泛应用于美术、建筑、工艺等众多领域，是体现和谐美的基础。除了米洛斯的维纳斯雕塑、巴黎的凯旋门、雅典的帕特农神庙外，用到黄金分割的著名作品还有纽约的联合国大厦、埃及金字塔等。

12 世纪，意大利数学家斐波那契从阿拉伯引入了数字“0”，它实际上诞生于 5 世纪的印度。“0”表示不存在，英文 zero 的发音源于意大利语。

黄金分割

随着数字的增大，斐波那契数列相邻两项的比值越来越接近黄金分割。

黄金分割约为0.618034。

$$\frac{1}{1}=1\quad \frac{1}{2}=0.5\quad \frac{2}{3}=0.666\cdots\quad \frac{3}{5}=0.6$$

$$\frac{5}{8}=0.625\quad \frac{8}{13}=0.618\cdots\quad \frac{13}{21}=0.619\cdots$$

$$\frac{21}{34}=0.617\cdots\quad \frac{34}{55}=0.61818\cdots$$

$$\frac{\sqrt{5}-1}{2}=0.618033\cdots$$

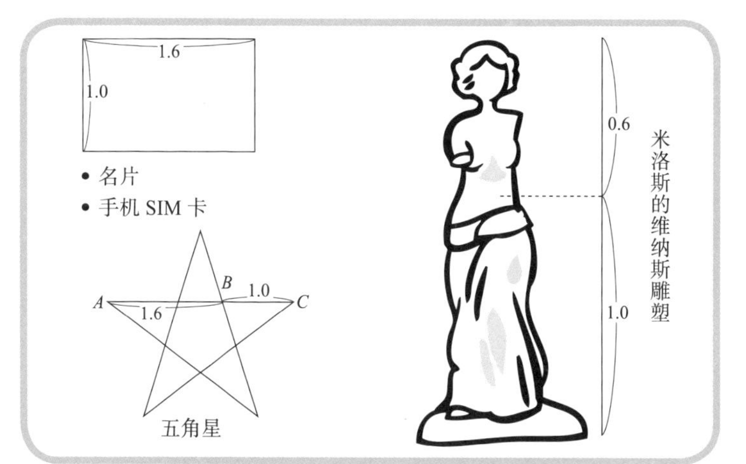

关于米洛斯的维纳斯雕塑

米洛斯的维纳斯雕塑的原型是古希腊神话中的女神阿弗洛狄忒。维纳斯雕塑高 204cm，出土时带有一个刻有碑文的底座，但底座在将雕塑搬入罗浮宫时丢失了。该雕塑于公元前 1 世纪被雕刻家亚历山德罗斯创造。

剩余定理与因式定理

“整式 $f(x)$ 除以（$x-a$），余数为 $f(a)$。”该定理被称为剩余定理（即孙子定理）。

举例来说，$f(x)=x^3+x^2-4x+1$ 除以（$x-2$）得到的余数为 $f(2)=2^3+2^2-4\times2+1=5$。

“取整式 $f(x)$，当 $f(a)=0$ 时，（$x-a$）能把 $f(x)$ 整除。”该定理被称为因式定理。

“若多项式 $f(x)$ 能被（$ax-b$）整除，则需要满足 $f(\frac{b}{a})=0$。”

267 除以 13 的商为 20 余 7。反过来，我们可以把这个式子理解为 $13\times20+7=267$。剩余定理正是由此而来的。

希波克拉底是古希腊名医，被尊称为“医学之父”。他发表的“希波克拉底誓言”是医学界职业道德的最高典范。

剩余定理

“整式 $f(x)$ 除以 $(x-a)$，余数为 $f(a)$”

$f(x)=x^3+x^2-4x+1$ 除以（$x-2$）

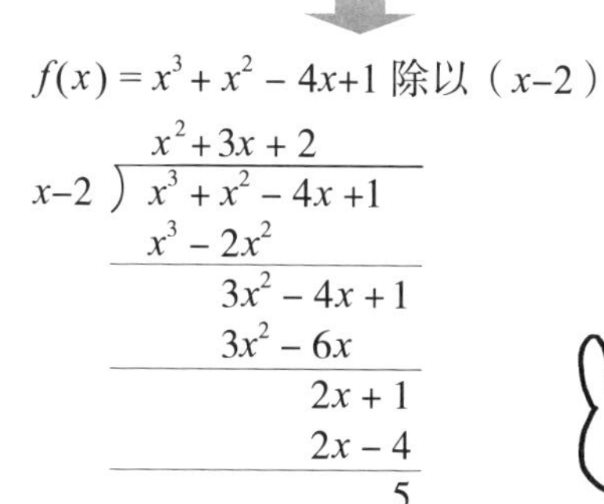

余数为 5。

因式定理

当 $f(a)=0$ 时，$f(x)$ 能被因式 $(x-a)$ 整除。

$x^2+3x-10$ 除以 $(x-2)$

$$
\begin{array}{r}
x+5 \\
x-2\,\big)\,\overline{x^2+3x-10} \\
\underline{x^2-2x} \\
5x-10 \\
\underline{5x-10} \\
0
\end{array}
$$

因式定理小笔记

在掌握因式定理后，我们不用计算也可以求得余数。此外，利用因式定理，我们能更轻松地解决三次式的因式分解问题。

神奇的质数及其基本定理

在大于 1 的自然数中，除了 1 和它本身以外不再有其他因数的数被称为质数。1 不属于质数。举例来说，质数有 2，3，5，7，11，13，17，19 等。

这些质数究竟具有什么特殊性质呢？为了研究这个问题，许许多多的数学家付出了毕生的心血，但至今仍没有得到答案。但质数有无限多个这一结论，早在公元前 300 年左右，在欧几里得所著的《几何原本》中就有记载，而把该结论精确化的是狄利克雷定理（也被称为狄利克雷质数定理）。

当 a、n 和 p 为自然数时，下列数列为等差数列。

a，$a+n$，$a+2n$，$a+3n$，…，$a+pn$

在该数列中，存在无限个质数。

据说，狄利克雷在证明这个定理时，借助了欧拉的关于质数存在无限个的证明方法。关于质数，还有许许多多的课题等着我们去研究。

古希腊数学家毕达哥拉斯曾说："数是万物的本源。"同时，他也是一位著名的哲学家，是第一个提出"哲学家"概念的人。

质　数

质数是指如同 2，3，5，7，11，13，17，19，…一般，除了 1 和它本身之外，不存在其他因数的自然数。偶数质数只有 2。

质数以外的所有自然数，都可以用几个质数相乘的形式来表示。将某一个自然数写成几个质数相乘的形式被称为分解质因数。

$6 = 2 \times 3$

$10 = 2 \times 5$

6 和 10 被称为“合数”（非质数的正整数）。

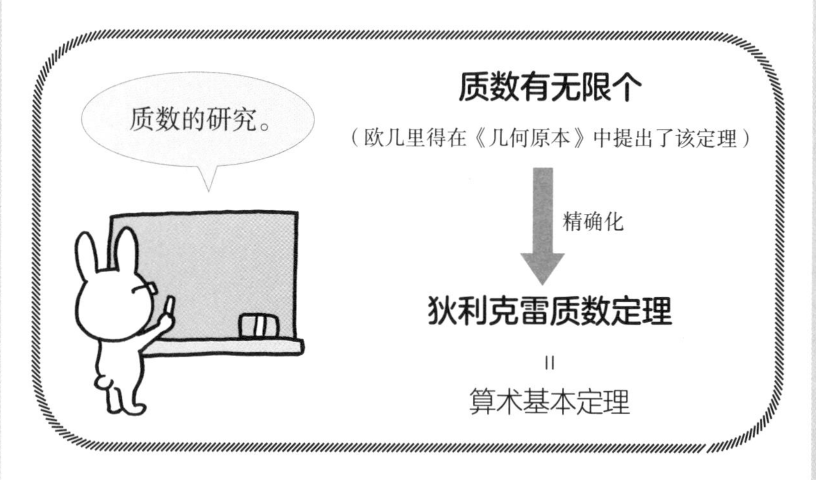

质数小笔记

在 100 以内的自然数中共有 25 个质数，从小到大排列为：2，3，5，7，11，13，17，19，23，29，31，37，41，43，47，53，59，61，67，71，73，79，83，89，97。

在 1000 以内的自然数中共有 168 个质数，比如 101，103，107，109，113，127，131，137，139 等。

三角形的五心定理

三角形共有 5 个“心”，分别为内心、外心、重心、垂心和旁心。

① **内心**：三角形 3 个内角的角平分线的交点。

② **外心**：三角形三边的垂直平分线的交点。

③ **重心**：三角形 3 条中线（顶点与三边中点的连线）的交点。

④ **垂心**：过三角形的 3 个顶点，分别作对应底边上的垂线，3 条垂线的交点。

⑤ **旁心**：三角形一个内角的角平分线和其他两个顶点处外角的角平分线的交点。每个三角形有 3 个旁心。

另外，外心、重心、垂心在同一条直线上，该直线被称为欧拉线。

五心定理可以利用切瓦定理进行证明。请你尝试一下！

三角形的五“心”早在欧几里得的《几何原本》中就有记载。

与内心、外心、重心相关的问题常常出现在中学考试中。边画图边思考就能轻松理解并记住三角形的五“心”了。

三角形的五心定理

图 1

图 2

图 3

图 4

图 5

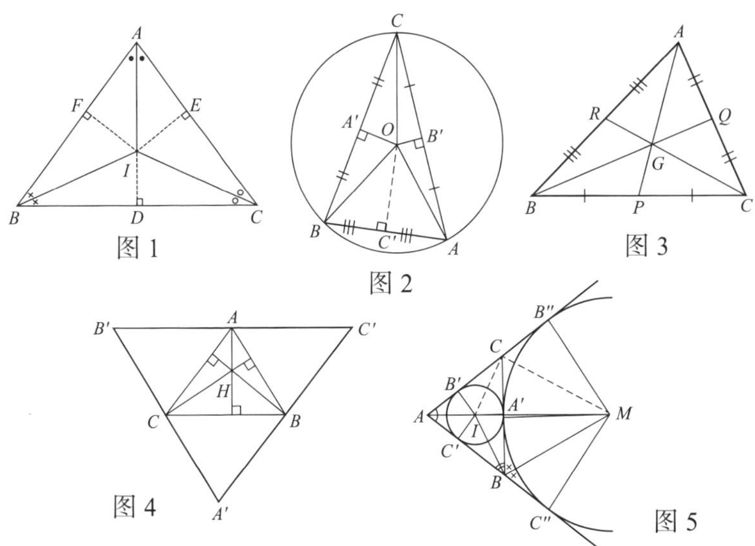

图 1　内心定理

中心 I 为内心。

图 2　外心定理

△ ABC 三边的垂直平分线相交于点 O，以点 O 为圆心可作三角形的外接圆。

图 3　重心定理

点 G 把线段 BQ、AP、CR 分别分为两段，各自的比例为 2∶1。

图 4　垂心定理

过△ABC的 3 个顶点分别作其对边的垂线，3 条垂线相交于点 H。

过点 A 作 AH 的垂线，过点 B 作 BH 的垂线，过点 C 作 CH 的垂线，3 条垂线分别相交于点 C'、A' 和 B'。△ABC 的垂心 H 与△$A'B'C'$的外心相同。

图 5　旁心定理

分别作△ ABC 内角的角平分线，3 条角平分线相交于点 I，以点 I 为圆心可作三角形的内切圆。另外，其他两个顶点的外角平分线相交于点 M，以该点 M 为圆心可作三角形的旁切圆。三角形的旁心共有 3 个。

微积分学的基本定理

为了使计算更加简单，我们通常先学习微分，但是从历史角度来看，积分的历史更为悠久。积分早在古埃及时代就被广泛应用了。

在那时由于尼罗河经常泛滥，所以测量技术日渐发展。为了计算复杂地形的面积，积分被发明了。

（1）已知函数 $f(x)$，如果存在一个可导函数 $F(x)$ 满足 $F'(x)=f(x)$，则 $F(x)$ 为 $f(x)$ 的原函数。

另外，$f(x)$ 的任意一个原函数都可以用 $F(x)+C$ 来表示，写作 $\int f(x)\,\mathrm{d}x$。

（2）函数 $y=f(x)$ 与直线 $x=a$、$x=b$ 及 x 轴围成的图形的面积为 $\int_a^b f(x)\mathrm{d}x$，这求的是函数 $f(x)$ 从 a 到 b 的积分。

综上，微积分的基本定理可以表示为

$$\int_a^b f(x)\mathrm{d}x = F(b) - F(a)$$

关于微积分，在后面章节有详细的介绍。

说到音乐界的天才家族，我们会想到巴赫家族。数学界也有这样的天才家族，那就是3代人中出了8位数学家的伯努利家族。

微积分基本定理

$$\int_a^b f(x)\mathrm{d}x = F(b) - F(a)$$

微　分	积　分
求曲线的变化率 ↓ 计算相对简单	求复杂形状的面积 ↓ 计算复杂

比较两者诞生的历史

17 世纪，由牛顿和莱布尼茨发明

- 牛顿先发明的说法更有说服力
- 莱布尼茨对数学符号具有浓厚的兴趣，创造了积分符号“∫”

理解积分变得更加简单

古埃及时代
尼罗河时常泛滥

土地测量方法、几何学得到发展

阿基米德的穷竭法是积分的基础

将图形无限切分

圆 ➡ 圆周率

我们学习的微分和积分实际上是广泛应用于日常生活中的重要定理之一。

阿基米德的穷竭法

积分思考方式的基础是如何正确地测量土地的面积并且尽可能公平地划分土地。**在古埃及时代，在计算形状复杂的土地的面积时，人们会把大片的土地划分为若干个小三角形和小四边形，最后将各部分的面积相加。这种方法被称为穷竭法。**

在当时，圆形被认为是神创造的完美图形，极具神秘性与美观性。哪怕半径不同，圆的形状都是相同的。圆的周长与直径的比值与圆的大小无关，该比值始终是不变的。这个比值就是用符号 π 表示的圆周率。

利用穷竭法计算 π 的数学家是阿基米德。他通过做出圆的内接正多边形和外接正多边形，尝试计算圆的面积。从正六边形开始，他逐渐增加多边形的边数，正十二边形，正二十四边形……一直计算到了正九十六边形。

根据这些计算，他得到了有关 π 的不等式：$3\frac{10}{71}<\pi<3\frac{1}{7}$。把分数用小数表示，则变成 $3.1408\cdots<\pi<3.1428\cdots$。阿基米德将 π 的值精确到了 3.14。

中国自古就把数字 9 作为一个神圣的数字，这是因为 9 在个位数中是最大的。

穷竭法的思考方式

从圆的内接正多边形思考
（设圆的半径为 1）

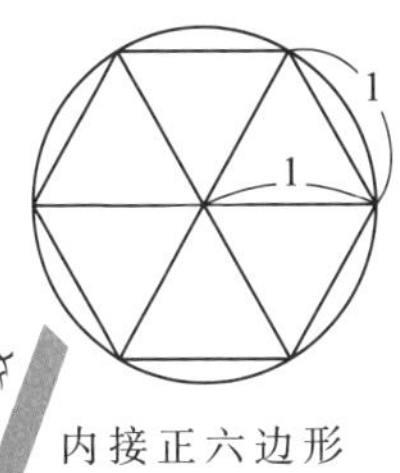

从圆的外接正多边形思考
（设圆的半径为 1）

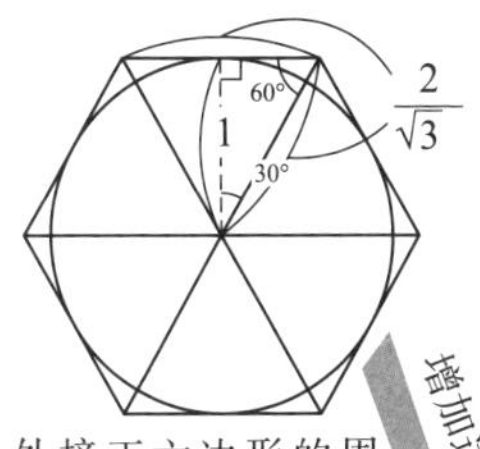

内接正六边形的周长为 1×6

外接正六边形的周长为 $\frac{2}{\sqrt{3}}\times6$

增加边数

正十二边形 正十二边形

正二十四边形 正二十四边形

正四十八边形 正四十八边形

正九十六边形 正九十六边形

$$\frac{223}{71}<\pi<\frac{22}{7}$$

$$\frac{223}{71}<\pi<\frac{22}{7}$$

用小数表示

$$3.1408\cdots<\pi<3.1428\cdots$$

π 的值约为 3.14

皮克定理

为了公平地划分土地，古埃及人第一次提出了面积计算的概念。

面积单位源于耕作。在古代，日本使用的面积单位为“代”，而在德国，把一头牛一个上午能够耕作的土地的面积表示为1“摩根”。

在预测农作物收成时，对土地面积的计算显得非常重要。但是土地的形状通常不会是规则的正方形或三角形，那么该用什么方法求得不规则土地的面积呢？

这时候，方格纸起到了至关重要的作用。

把形状复杂的不规则的土地按比例缩小后放在方格纸上便可求得土地的面积。

分别数出完整的正方形的个数与不完整的正方形的个数，以此便可求得土地的面积。

$$\text{面积} = \text{内部格点数} + \frac{\text{边界格点数}}{2} - 1$$

该定理被称为皮克定理。

概率论起源于掷骰子。据说，在古埃及遗迹中出土了许多骰子。

皮克定理的思考方式

用方格纸求不规则图形的面积

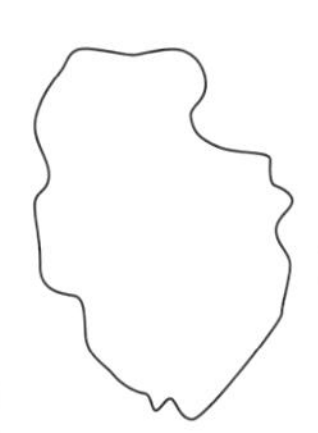

放在方格纸上（一个小正方形的面积为 1km^2）

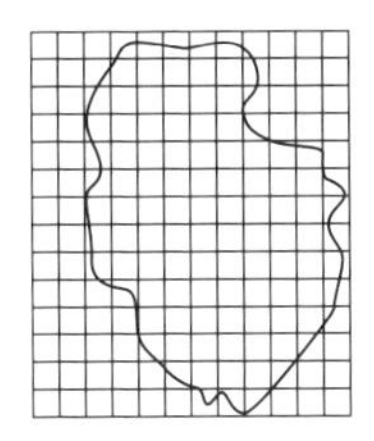

把方格不断缩小

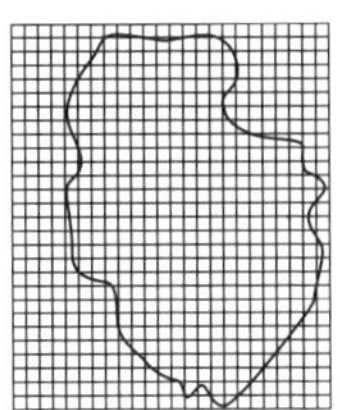

·数出完整正方形的个数。

·数出不完整正方形的个数。

不完整的正方形的形状有些是◩，有些是◪，我们把这些都当作半个正方形。

假如完整的正方形有 78 个，不完整的正方形有 46 个，

则 $78+\dfrac{46}{2}-1=78+23-1=100$

结果土地的面积为 100 km^2。

用上述方式求规则图形的面积。

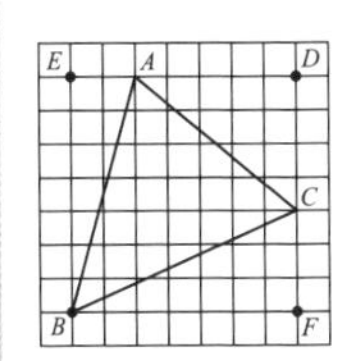

$\triangle ABC$ 的面积为：

$$面积 = 内部格点数 + \frac{边界格点数}{2} - 1$$

内部格点数 =21 个

三角形边上的格点数 =3 个

（仅有顶点）

则 $\triangle ABC$ 的面积 $=21+\dfrac{3}{2}-1$

$=21.5$

一般计算方法

$\triangle ABC$ 的面积 = 四边形 $DFBE$ 的面积 −（$\triangle AEB$ 的面积 + $\triangle BCF$ 的面积 + $\triangle ADC$ 的面积）

$=7\times7-\left(\dfrac{7\times2}{2}+\dfrac{7\times3}{2}+\dfrac{5\times4}{2}\right)$

$=21.5$

结果相同

阿贝尔定理

数学家已经证明，5 次以上的一般代数方程式不存在利用求根公式进行求解的方法。这不是说 5 次以上的代数方程没有解，而是指没有可以利用加、减、乘、除或者根号表示的求根公式。

一般情况下，我们证明某一个东西不存在要远比证明它存在困难。以多次尝试都没有成功作为理由，是无法证明它不存在的。

证明这个结论的是挪威数学家阿贝尔，当时他年仅 21 岁。在这个基础上，法国数学家伽罗瓦进一步完善，推导出了简洁明了的方程求根公式。

在研究方程求根公式的过程中，伽罗瓦研究出了一套独特的方法，即“伽罗瓦理论”。该理论用群的方法来研究代数方程的解，彻底解决了利用求根公式求解代数方程的问题。

从结果上来看，伽罗瓦进一步完善了阿贝尔定理，伽罗瓦理论也由此诞生。

数学家亚伯拉罕·棣·莫弗年迈时患上了奇怪的“嗜睡症”。每天的睡眠时间逐渐增加，22 小时，23 小时，最终在睡眠中离开了人世。

阿贝尔定理

$$f(x)=a_nx^n+a_{n-1}x^{n-1}+\cdots+a_1x+a_0$$

在上述的 n 次多项式中，当 $f(x)=0$，$n=1$、2、3 和 4 时方程存在求根公式。

该方程的系数为 a_n，…，a_0，利用加、减、乘、除及开方，将方程的系数排列组合成求根公式，只需把数值代入即可求得该方程的解。

当 $n \geqslant 5$ 时，方程不存在求根公式。

证明该定理的数学家是阿贝尔。

·一次方程和二次方程的解法一直存在。

·三次方程和四次方程的解法分别由卡尔达诺和费拉里发现并证明。

·发现五次方程的求根公式曾被以为只是时间问题，但数学家最终证明五次方程不存在求根公式——伽罗瓦理论。这是震惊整个数学界的巨大发现。

伽罗瓦理论小笔记

以加、减、乘、除范围内能得出的数作为代数方程的考察对象，把代数方程是否能用代数的方式解开作为问题，伽罗瓦在阿贝尔的基础上进一步证明了到四次方程为止都存在求根公式，但五次及以上的方程不存在求根公式。这就是“伽罗瓦理论”。

数学小趣闻5

“立方倍积问题”究竟是什么？

公元前，在古希腊的提洛斯岛上，传染病横行，居民死亡无数。居民们向提洛斯岛的守护神阿波罗寻求破解的办法，神说：“要去病除邪，须把神殿前的立方体祭坛的体积扩大一倍。”于是，居民把立方体的边长扩大了一倍，但是疾病并没有得到控制。

这是因为，把立方体的边长扩大一倍，立方体的体积不是变成原来的 2 倍，而是变成了原来的 8 倍。

不知道如何是好的提洛斯人向当时著名的数学家柏拉图求助。柏拉图告诉他们，把边长变成原来的 $\sqrt[3]{2}$ 倍，也就是约 1.26 倍，就可以让立方体的体积变成原来的 2 倍。

虽然这只是一个传说，但这个问题作为古希腊三大几何难题之一，历经多年都未被解开的故事一直流传至今。

已知立方体的边长为 a，则立方体的体积为 a^3，体积的 2 倍为 $2a^3$。设新的立方体的边长为 x，则 $x^3=2a^3$。那么立方根仅用直尺与圆规作图可以解出来吗？这个问题被称为“立方倍积问题”，困扰了

数学家们 2000 多年。

尺规作图最多只能求平方根问题，在19世纪，该问题被认为“不可解”。

三大几何难题的另外两个也是无法通过尺规作图求解的，作为参考，本书把三大几何难题都列了出来。

① 把立方体的体积扩大一倍（立方倍积问题）。

② 已知一个角，把该角三等分（三等分角问题）。

③ 求一个正方形，使它的面积与已知圆的面积相等（化圆为方问题）。

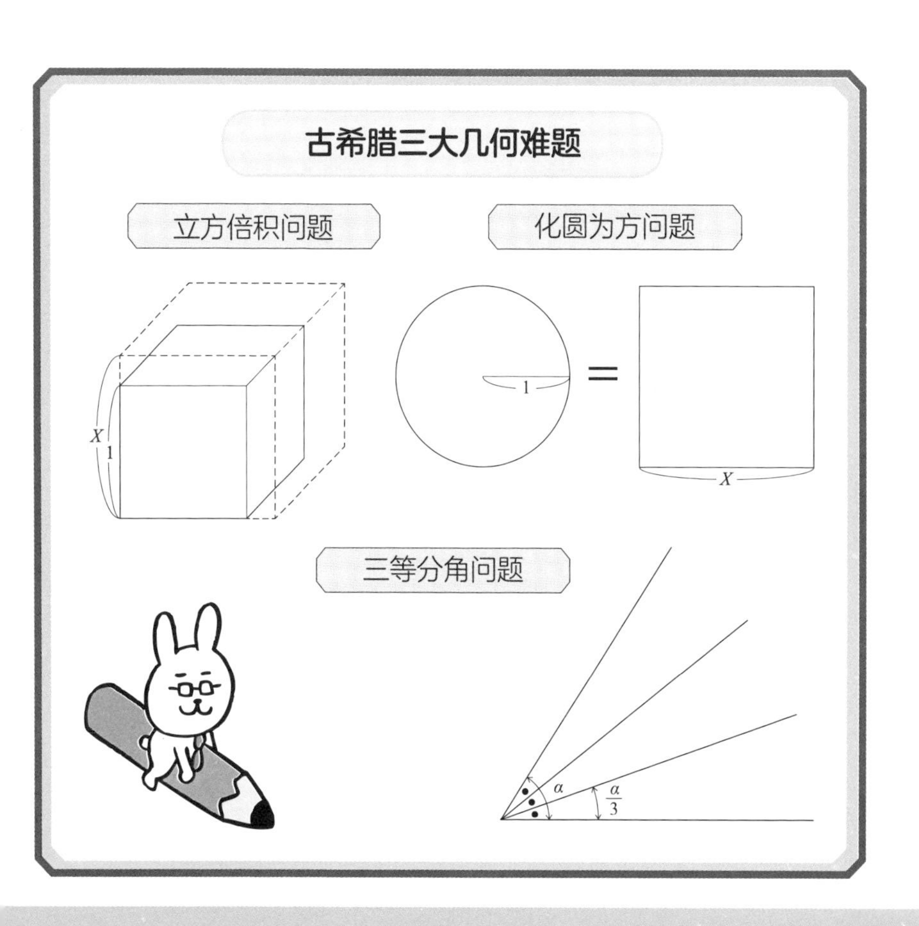

数学家

专栏 5

斐波那契

（1175 年—1250 年）

斐波那契的父亲波那契是一名商人。斐波那契名字的含义就是“波那契的儿子”。波那契在意大利从商，当时意大利的贸易繁荣，波那契的事业也非常成功。

斐波那契的青年时代是在非洲北部度过的，他曾在那里学习数学。不久之后，他就开始着手继承父亲的贸易事业。

因为做生意，他走遍了世界各地，但他从未放弃学习数学。

斐波那契最感兴趣的领域是阿拉伯数学。他在《计算之书》中写道:“印度计数采用 1、2、3、4、5、6、7、8、9，在这个基础上加入阿拉伯语中被称为‘Sifr’的数字 0，即可表示所有的数。”

Sifr 是“空”的意思，通过拉丁语转化成了英语单词 zero。

斐波那契所著的书在欧洲被广为传阅，印度 - 阿拉伯记数法因此得到推广。

除此之外，斐波那契虽然也有其他数学发现，但直到他死后 200 ~ 300 年，这些发现才被世人承认。

利用数学定理解决问题

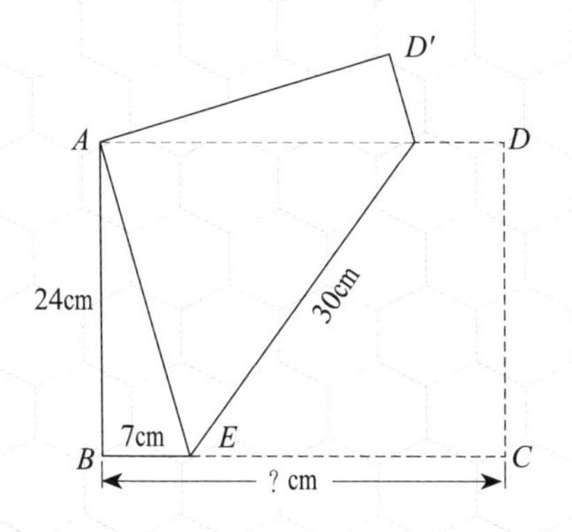

利用勾股定理解决问题①

在公园里有一个半径为 20m 的湖，湖里有一座湖心岛，岛上种着一些松树。

这时，有一只翅膀受伤的小鸟跌落在一棵松树下。刚好经过的学生格鲁普发现了这只小鸟，想救起它，为它包扎伤口。

附近能够用到的只有两块长 4.9m 的厚木板，直接用木板做桥横渡半径 20m 的湖是不可能的。

但过了不久，格鲁普就想出办法，成功救下了这只小鸟。他究竟是如何利用这两块木板的呢？从湖边到岛上的距离最短也有 5m，看起来是无论如何也做不到的。

休息一下

想讲给别人听的数学故事

天才也有出糗的时候

泰勒斯系统地证明了许多平面几何学定理，为几何学打下了基础。他曾经还准确地预言了日食发生的时间。但就是天才泰勒斯也有出糗的时候。有一天，泰勒斯过于沉迷神秘的天体，抬着头走路，不小心掉进了沟里。一个叫瑟雷斯的少女看到了这个场景，笑着说："虽然你看得懂复杂的天体，却看不懂脚下的路。"

勾股定理

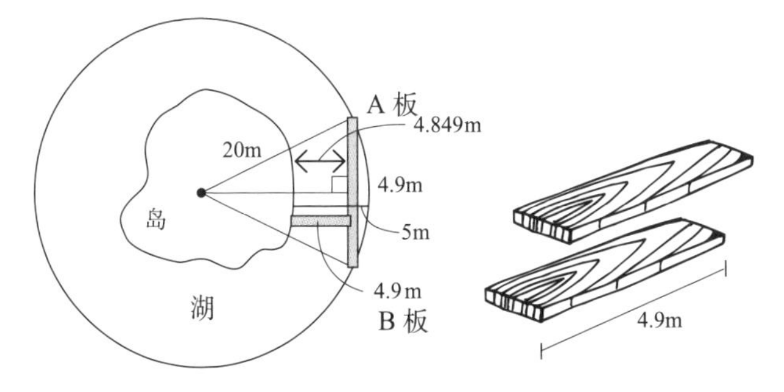

① 把 A 板的两端紧靠圆周放置。

② 利用勾股定理计算此时 A 板的中心到湖心的距离。

$$\sqrt{20^2-(\frac{4.9}{2})^2}\approx 19.849(\text{m})$$

③ 20－19.849=0.151(m)，所以湖心到岸边的距离缩短了 0.151m。

5－0.151＝4.849(m)，所以湖心岛到 A 板的距离为 4.849m。

因此，可以将长度为 4.9m 的 B 板架在湖上。

（上图为示意图。）

利用勾股定理解决问题②

一张宽为 24cm 的纸，如下图所示进行折叠，折痕的长度为 30cm，而 BE 为 7cm。

那么该纸的长为多少？

该问题可以利用勾股定理来解决。

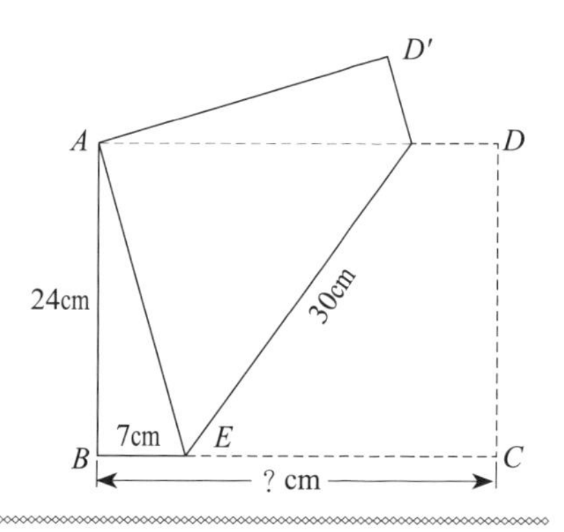

休息一下

想讲给别人听的数学故事

利乐包是万能容器

用来装牛奶的四面体纸质容器利乐包的特点是，既可以做到原材料纸张的百分百利用，又可以在搬运过程中将四面体纸盒毫无缝隙地折叠，节省空间。1956 年，这种包装第一次作为学校食堂的食品包装引入日本。

勾股定理

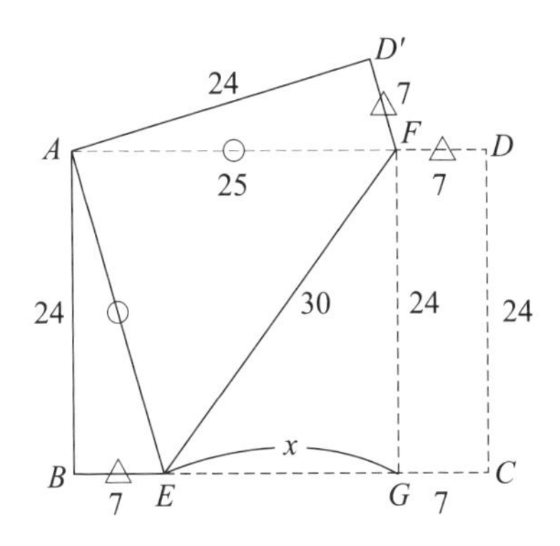

在直角三角形中满足 $a^2+b^2=c^2$（c 为斜边），我们可以利用勾股定理解答此问题。

在直角三角形 FEG 中，设 $EG=x$。

$30^2=24^2+x^2$

$900=576+x^2$

$x^2=900-576$

$x=18$

因为 $\triangle ABE \cong \triangle AD'F$，所以 $FD'=EB=7$。

综上所述，该张纸的长 $=7+18+7=32(\text{cm})$。

毕达哥拉斯在公元前 6 世纪左右提出了如下思想。世间万物都包含数字，宇宙万物不遵循人类的主观意识，而是遵循数学法则。如果我们理解了数字与数字之间的关系，就能理解宇宙万物。

利用多面体定理解决问题

由正五边形和正六边形组合而成的足球实际上是一个准正多面体，把正二十面体的顶点切掉就是足球的形状。

也就是说，正二十面体在切掉顶点后，形成的由正五边形和正六边形组合成的多面体即为足球的形状。那么足球究竟有多少个顶点，多少条棱呢？我们一起算算吧。

首先，我们要求得正二十面体 A 的顶点数与棱数，在此基础上，再计算多面体 B 的顶点数与棱数。

我们可以得出 B 的面数 =A 的面数 +A 的顶点数，B 的棱数 =A 的棱数 +A 的顶点数 ×5，B 的顶点数 =A 的顶点数 ×5。

休息一下

想讲给别人听的数学故事

一直没有被发现的公式

欧拉发现对于简单多面体，其“顶点数 – 边数 + 面数 =2”。该定理被称为多面体欧拉定理。这可以称得上是改变了数学界的公式之一，也是立体几何学的基础。令人震惊的是，虽然这个定理看起来非常简单，但一直到 18 世纪才被发现。

欧拉定理

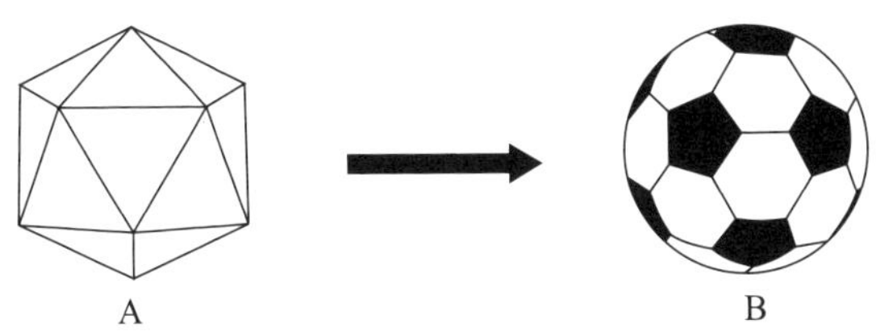

设多面体的面数为 F，棱数为 E，顶点数为 V。

则有 $V-E+F=2$，该公式被称为多面体欧拉定理。

【问题】分别求足球的面数、棱数和顶点数。

设正二十面体 A 的棱数为 E，顶点数为 V。

· 每条棱连接 2 个面，每个面上各有 3 条棱。

因此 $20\times3=E\times2$　　$E=30$

· 每个面上各有 3 个顶点，每个顶点连接 5 个面。

因此 $20\times3=V\times5$　　$V=12$

因为 B 增加的面数为 A 的顶点数，

所以 B 的总面数为 $20+12=32$；

B 的棱数为 $30+12\times5=90$。

（A 每切掉一个顶点，棱数增加 5 条。）

B 的顶点数为 $12\times5=60$。

（B 中正五边形的个数与 A 的顶点数相同，一个五边形有 5 个顶点。）

因此，足球共有 32 个面，90 条棱，60 个顶点。

利用圆周角定理解决问题

街角有一个绿荫葱葱的公园。

这个公园非常讨人喜欢，园中不只有附近的居民，还有很多人是远道而来。

公园中央有一个近似圆形的池子，池子周围种着正好将池子十等分的树。有一天，工作人员需要在池子里安装喷泉。

喷泉需要安装在稍偏离池心的位置，若给树编上号，则是 *CG*、*EI* 两条线段的交点处。确实，比起池心，这个位置的喷泉看起来形式更丰富，从不同的角度可以领略到不同的美感，居民们感到非常满意。

那么 *CG*、*EI* 两条线段的夹角（钝角）究竟为多少度呢？

休息一下

想讲给别人听的数学故事

数学中的“猜想”与“定理”

在数学中猜想指的是，假设这个命题为真命题，但还没有证明其真伪性。当猜想被证明是真命题时，这个猜想就变成了定理。我们可以利用这些定理来证明其他猜想。这种方法就是收集各种证据，证明“不可思议”为“真实可信”。

利用圆周角定理解决问题

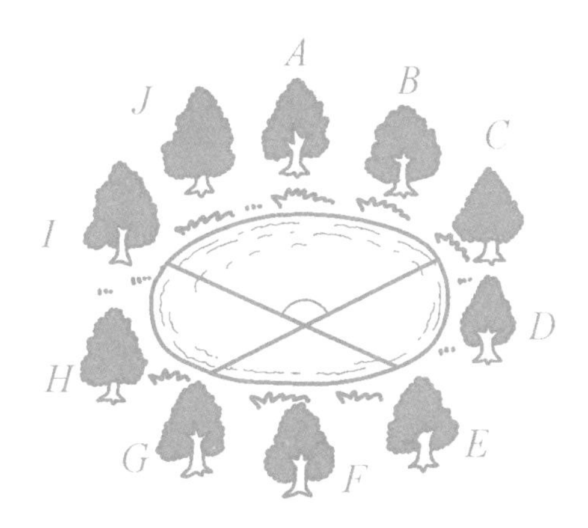

池子四周种有 10 棵树。CG、EI 两条线段相交，夹角（钝角）为多少度？

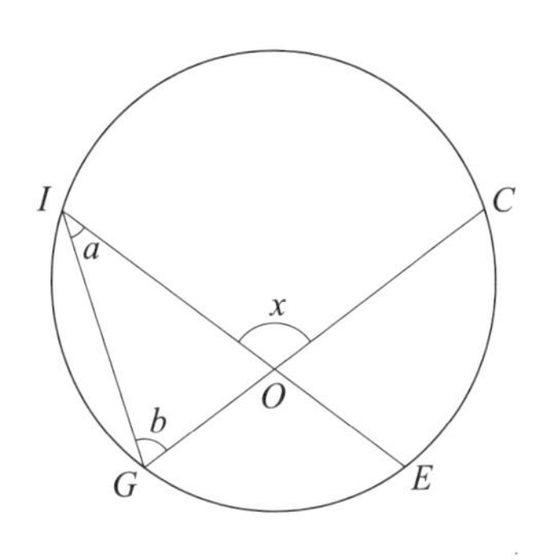

如右图，设 CG、EI 两条线段的交点为 O，连接 IG。在 $\triangle IGO$ 中，设顶点为 I、G 的两个角分别为 a 和 b，所求的夹角为 x。a 为弧 GE 所对的圆周角，且弧 GE 是圆周长的$\frac{2}{10}$，因此 a 为 $180° \times \frac{2}{10} = 36°$。同理，$b$ 对应的弧 IC 为圆周长的$\frac{4}{10}$，则 b 为 $180° \times \frac{4}{10} = 72°$。

因为三角形的内角和为 180°，所以三角形的外角等于与它不相邻的两个内角的和。在 $\triangle IGO$ 中，$x = a + b = 36° + 72° = 108°$，即 CG 和 EI 的夹角（钝角）为 108°。

利用独立重复试验定理求概率①

某中学，学生每天早上都要轮流打扫卫生。

为了遵循校长“清洁与打扫使人品行端正”的理念，学校每天都会从各班选择4名学生打扫校园。

某天，他们需要在二年级B班的6名男生和4名女生共10人中选择4人。

因为正好是月末，有大量的纸箱和旧杂志需要整理，所以男生多一些会比较好，但他们一直没有商量出分配方案。最终，他们决定用抽签的方式选取4人，那么选出3名男生的概率是多少？

休息一下

想讲给别人听的数学故事

“72法则”与利息的关系

在金融界有一个复利投资的“72法则”，即用72除以利率（百分号前的数字）就可以轻松计算出本金翻倍所需的时间。假设本金为100万元，年利率为18%，在完全不归还本金的情况下，4（72÷18）年后本金变成原来的2倍，即200万元。反过来我们也可以知道，如果要在4年内实现本金翻倍，那么投资的年利率是18%。

独立重复试验定理

选择 4 人

男生 6 人　　女生 4 人

- 因为男生多点比较好，所以男生人数需要 3 个及以上。
- 先考虑从 10 人中选择 4 人。

$$C_{10}^{4}=\frac{10\times9\times8\times7}{4\times3\times2\times1}=210$$

10 人中选择 4 人一共有 210 种可能

- 再考虑男生在 3 人及以上的情况。

情况一：男生 3 人，女生 1 人。

$$C_{6}^{3}\times C_{4}^{1}=20\times4=80$$

情况二：男生 4 人，女生 0 人。

$$C_{6}^{4}=15$$

综上所述，男生人数在 3 人及以上的情况共有 95（80+15）种。

则 3 人及以上的男生被选中的概率是 $\frac{95}{210}$，化简后为 $\frac{19}{42}$。

利用独立重复试验定理求概率②

即将面临大学升学考试的小进马上就要填写志愿了。小进每天都在苦恼应该选择哪几所学校和选择哪里的大学，精力越来越难以用在学习上。

他的第一志愿合格率大约为$\frac{2}{3}$，另外，他还想选择一所跟第一志愿水平差不多的学校。几经烦恼之后，他最终选出了5所候选学校。尽管如此，小进依然无法安心，害怕自己的选择出现问题。小进为了能够让自己静下心来，集中注意力学习，他决定计算自己的合格率，那么小进的合格率究竟是多少呢？

休息一下

想讲给别人听的数学故事

4位数相加的计算方法

$$\begin{array}{r} 3856 \\ +\ 7156 \\ \hline 112 \end{array} \rightarrow \begin{array}{r} 3856 \\ +\ 7156 \\ \hline 112 \\ 109 \end{array} \rightarrow \begin{array}{r} 3856 \\ +\ 7156 \\ \hline 112 \\ 10900 \\ \hline 11012 \end{array}$$

将个位和十位上的两位数相加

将百位和千位上的两位数相加

例如计算3856与7156的和，四位数的加法运算方法如上图所示。如果分成2位数与2位数分别进行计算，运算速度可以更快。

独立重复试验定理

小进考上 A 大学的概率为$\frac{2}{3}$，那么考不上的概率为$\frac{1}{3}$。计算 A、B、C、D、E 5 所学校中，有 2 所学校合格的概率。

① A 校、B 校合格，其他学校不合格的概率

$$\left.\begin{array}{l}\text{A 校合格的概率为}\frac{2}{3}\\ \text{B 校合格的概率为}\frac{2}{3}\end{array}\right\}\text{两所学校都合格的概率为}\left(\frac{2}{3}\right)^2$$

② C、D、E 三所学校不合格的概率

$$\left.\begin{array}{l}\text{C 校不合格的概率为}\frac{1}{3}\\ \text{D 校不合格的概率为}\frac{1}{3}\\ \text{E 校不合格的概率为}\frac{1}{3}\end{array}\right\}\text{三所学校都不合格的概率为}\left(\frac{1}{3}\right)^3$$

③ 5 所学校中 2 所合格、3 所不合格的概率为$\left(\frac{2}{3}\right)^2\times\left(\frac{1}{3}\right)^3$。

④ 因为在 5 所学校中只要任意 2 所合格就满足条件，因此共有C_5^2种组合。利用概率定理以及独立重复试验定理计算可得，有 2 所学校合格的概率为$\frac{40}{243}$。

数学小趣闻6

神奇的一千零一夜

很久很久以前，阿拉伯有一个国王叫沙赫里亚尔。

这个国王曾遭受过妻子的背叛，所以他不信任任何女人。不仅如此，他心中对女人的憎恨与日俱增，他只要迎娶新妻子，一定会在第二天就把妻子杀害，以示报复。这个国家的人都非常害怕他。

为了拯救无辜的女孩子们，宰相的女儿谢赫拉莎德自告奋勇嫁给国王。每天晚上，谢赫拉莎德都会给国王沙赫里亚尔讲有趣的故事。

到了早上，国王因还想继续听有趣的故事就没有杀掉她。

日复一日，在过了一千零一夜后，国王内心对女人的憎恨终于化解，并与谢赫拉莎德幸福地度过了一生。谢赫拉莎德讲的故事被整理成《一千零一夜》，在日本也成为畅销书之一。

《一千零一夜》这个名字来自法语翻译，它的英语名直译为《阿拉伯之夜》。

在这些故事里，有一个和数字有关的游戏。让你的朋友随便说一个他喜欢的三位数，将这个三位数重复排列一次，用得到的六位数除以 1001。你猜答案是什么？答案就是刚才你朋友说的那个数字。

用来与 1001 相除的六位数被称为谢赫拉莎德数，从中我们可以看到数字蕴含的神奇性质。

谢赫拉莎德数

假设你的朋友选择了他喜欢的数字 583。

将 583 重复排列一次后变成六位数 583583。

用该数字除以 1001，计算过程如下所示。

$$
\begin{array}{r}
583 \\
1001\overline{)583583} \\
5005 \\
\hline
8308 \\
8008 \\
\hline
3003 \\
\hline
3003 \\
\hline
0
\end{array}
$$

答案为 583，与最开始给的数字相同。

数学家

专栏 6

阿基米德

（公元前 287 年—公元前 212 年）

阿基米德是古希腊哲学家、数学家和物理学家。他的父亲是一位天文学家，一直亲自指导阿基米德的学习，直到阿基米德成长为青年。

有一天，国王问阿基米德："你能在不弄坏王冠的前提下查出这个王冠除了金之外，是否还含有其他杂质吗？"阿基米德没能立刻给出答案，并表示自己需要思考一下。

他无时无刻不在想这个问题，每天走路时在想，吃饭时在想，洗澡的时候也在想。有一天，他看到自己的身体在澡盆里浮起来，突然想到了方法。

思考出解决办法的那一刻，他一边高喊着"我想出来了，我想出来了"，一边光着身子向外跑去。

由此，阿基米德发现了浮力原理，同时他还发现了圆的面积、球体体积和表面积的计算方法。公元前 212 年，罗马军队入侵，阿基米德被罗马士兵杀死。这是因为阿基米德正在地上画几何图形，罗马士兵踩坏了他的图形，他生气得与士兵争辩起来，将自己陷入了危险的境地。

另外，阿基米德还发现了杠杆原理。当时他说的"给我一个支点，我可以撬动整个地球"变成了一句名言并流传至今。

日常生活与数学

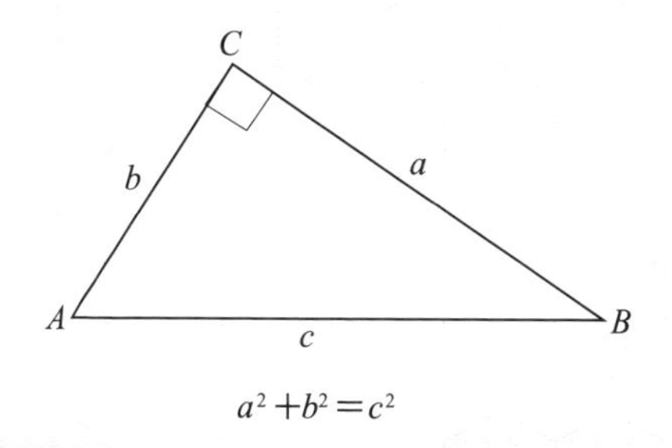

被偷走的鸟有几只？

美嘉非常喜欢小鸟。她不仅经常去山上观察小鸟，还在家里养了 300 只小鸟。

一天，一个小偷偷走了美嘉最珍贵的几只鸟。美嘉立马报了警。

“我珍贵的小鸟被偷了。”

“请您填写报案申请表。”

“大约被偷了 200 只鸟。”

“请您仔细说一说有什么品种的鸟，各被偷了多少只。”

“被偷的鸟中有$\frac{1}{3}$是非洲品种，$\frac{1}{4}$是南美洲品种，$\frac{1}{5}$是澳大利亚品种，$\frac{1}{7}$是东南亚品种，$\frac{1}{9}$是中国品种。”

美嘉由于紧张过头，说错了其中一个数字。

那么，美嘉究竟被偷了几只小鸟呢？

在数学界也留下了丰功伟绩的牛顿，是一个神奇的人。传闻他在担任造币局局长时，一共只笑过两次。

① 4、5、7、9 的最小公倍数

$4 \times 5 \times 7 \times 9 = 1260$

② 3、4、5、7 的最小公倍数

$3 \times 4 \times 5 \times 7 = 420$

③ 3、4、5、9 的最小公倍数

$4 \times 5 \times 9 = 180$

④ 3、4、7、9 的最小公倍数

$4 \times 7 \times 9 = 252$

⑤ 3、5、7、9 的最小公倍数

$5 \times 7 \times 9 = 315$

总结美嘉说的话，结果如下。

- 由非洲品种占被偷的鸟总数的$\frac{1}{3}$，可得出被偷的鸟的总数是 3 的倍数。
- 同理，被偷的鸟的总数需满足既是 4 的倍数，又是 5 的倍数。
- 同理，被偷的鸟的总数也必须满足既是 7 的倍数，又是 9 的倍数。假如同时考虑这些数的公倍数。

- 所以可以先除去 3、4、5、7、9 中的某一个数字，再进行公倍数计算，取结果为 200 左右的情况即可。

计算过程如上，只有第 3 种情况满足被偷的鸟的总数在 200 只左右，所以答案为 180 只。

被偷走的鸟一共是 180 只。

卡瓦列利原理是什么？

微积分学中的微分通过无限分割来观察事物的变化规律，而积分是把无限分割后的部分重新组合，以求总量。

我们可以利用积分求物体的面积和体积。使积分的思维方式得到进一步发展的是 17 世纪意大利数学家卡瓦列利。

卡瓦列利认为，面是由无数条平行直线组合而成的，而立体图形是由无数个平行的面组合而成的。

卡瓦列利又发现，两个高度相同的立体图形，若所有与底面平行的截面的面积成一定比例，那么立体图形的体积也成相同的比例。

例如，取两个高度相同的立体图形，从中任意截取与底面平行的截面，如果所得的两个截面面积相等，那么这两个立体图形的体积也相等。该原理被称为“卡瓦列利原理”。简单来说，取相同数量的两组扑克牌分别堆叠，其中一组扑克牌排列整齐，另一组倾斜摆放，二者的体积是相同的。

数字“0”发现于 1500 年前的印度，但一直到中世纪左右才传入欧洲。0 的发现得益于十进制算法带来的自然科学的急速发展。

卡瓦列利原理

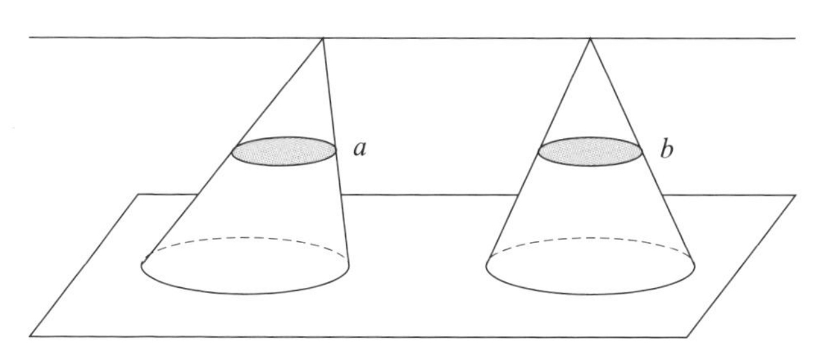

两个高度相同的立体图形，任意切割两个相同高度且与底面平行的面。设两个截面的面积比为 a/b，则两个立体图形的体积比也为 a/b。

把相同张数的扑克牌重叠，哪怕倾斜摆放，扑克牌的体积也不会发生变化。

卡瓦列利于年少时期在意大利的多个城市学习宗教学，曾梦想做一名神职人员。1616 年，卡瓦列利在比萨结识了著名天文学家和物理学家伽利略的同学，时任比萨大学讲师的卡斯泰利。在卡斯泰利的指导下，卡瓦列利开始学习几何学，从此走上了研究数学的道路。他一边在米兰和巴尔马的修道院工作，一边做数学研究，1629 年成为波洛尼亚大学的数学教授。卡瓦列利因发现并证明了卡瓦列利原理而被后人铭记。

如何计算平均速度

让我们一起思考以下问题。

A 同学要前往离家 12km 的朋友家，去时的步行速度为 6km/h，返回时的步行速度为 4km/h。

请问 A 同学的平均速度为多少?

“这不是很简单吗?”想必一定有人这么认为，但真的很简单吗?

如果你也这么想，那么请再仔细思考一下。

如果你的解法是“去时的速度为 6km/h，返回时的速度为 4km/h，取二者的平均值，答案即为 5km/h”，那么你就掉入了题目的陷阱中。

这个问题没有你想的这么简单。不是单纯地求一个平均数，而是求出往返的平均速度。我们需要好好思考一下。

求平均速度的方法是，前往和返回的总距离除以总时间。

请大家在解题时一定要注意，不是单纯地“除以 2”，而是先求得总时间和总距离，从而求得平均速度。

有这样一个圆柱，圆柱内有一个内切球，这个球的直径恰好与圆柱的高相等，则圆柱的体积与球的体积之比和圆柱的表面积与球的表面积之比都为 2∶3。相传，这个定理是阿基米德最引以为豪的发现。

求平均速度的思考方式

虽说是求平均，但不能用 $(6+4)\div2=5$ 求解。

A 同学的家到朋友家的距离为 12km

往返步行的距离为

$12\times2=24(\text{km})$

花费的时间为

前往：$12\div6=2(\text{h})$

返回：$12\div4=3(\text{h})$

花费的总时间：$2+3=5(\text{h})$

24km 的路程共花费 5h

所以，A 同学步行的平均速度为 $24\div5=4.8(\text{km/h})$

不是求平均值，而是求平均速度。

正确答案为 4.8km/h。

研究代数的丢番图

说起古希腊数学，我们首先就会想到几何学，而丢番图却选择研究代数。在当时，研究该方向的人是极为稀少的。

丢番图所著的《算数》一书就讲述了代数的内容。其实这本《算数》因为某一个东西而非常出名，你知道是什么吗？

费马在提出困扰了数学家们多年的费马大定理时，曾在一本书上写道："这里空白太小，我写不下了。"而那本书就是《算数》。

比起在代数学上的成绩，更让世人记住丢番图的是刻在他墓碑上的谜题，该谜题如下。

"丢番图的一生，$\frac{1}{6}$是少年时代，$\frac{1}{12}$是青年时代，再过去$\frac{1}{7}$的单身时期之后，他结婚了，5 年后有了孩子。然而这个孩子比他早去世了 4 年，只活了他年龄的$\frac{1}{2}$。"

那么请你算一算，丢番图活了多少岁？

学习数学没有捷径，当我们看到数学题时，需要认真思考"为什么是这样的，该用什么方法解答"。

丢番图活了多少岁？

设丢番图的寿命为 1，作图如下。

少年时代	青年时代	单身时期	结婚后	孩子活着的时候	
$\frac{1}{6}$	$\frac{1}{12}$	$\frac{1}{7}$	5 年	$\frac{1}{2}$	4 年

（结婚后至最后合计）$\frac{17}{28}$

结婚前的人生：

少年时代$\frac{1}{6}$

青年时代$\frac{1}{12}$

单身时期$\frac{1}{7}$

$$\frac{1}{6}+\frac{1}{12}+\frac{1}{7}=\frac{2}{12}+\frac{1}{12}+\frac{1}{7}=\frac{3}{12}+\frac{1}{7}$$

$$=\frac{1}{4}+\frac{1}{7}=\frac{7}{28}+\frac{4}{28}=\frac{11}{28}$$

结婚后的人生：$\frac{28}{28}-\frac{11}{28}=\frac{17}{28}$

$\frac{17}{28}-\frac{1}{2}=\frac{3}{28}$

通过上图，我们可以看出丢番图人生的$\frac{3}{28}$为 9 年。

则 $9\div\frac{3}{28}=84$，丢番图活了 84 岁。

丢番图出生在古埃及，是古希腊亚历山大后期的重要学者和数学家，除此之外生平事迹不详。他所著的长达 13 卷的《算数》非常有名，这本书在 16 世纪被翻译并引入欧洲，给欧洲数学的发展带来了深远的影响。该书现存的只有阿拉伯语版 6 卷。另外，他还著有《多角数》。

一句话概括微积分

微积分，通常因被误认为是数学中最难的部分而被大家讨厌。实际上，微积分学起源于天体观测。在遥远的古代，天文学还是最尖端的学科，计算天体运动轨迹的复杂性是普通人无法想象的。17世纪后半期，开普勒发现行星的运行轨道实际上是一个椭圆。与此同时，伽利略发现了抛物线轨迹，从而使曲线的概念被世人接受。这两项都是天文学领域划时代的重大发现。

在此之后，由牛顿和莱布尼茨发明的微积分学推动了自然科学的进一步发展，从此，数学成为自然科学的基础。然而那时候的数学界，数学家们研究的目标并不在于应用。数学家们只是单纯地热爱数学及其研究对象，从而呕心沥血地研究。但是在当今社会，微积分学已经渗透到了我们生活的每一个角落。数学也跳出了数学研究与理科本身，在经济学等各个领域中被广泛应用。纵观数学史，微积分学的创建和应用是一个伟大的突破，我们甚至可以说，它推动了人类文明的发展。

1周有7天的理论来自《圣经》,《圣经》中记载上帝共花了7天造就世界万物。7是一个神圣的数字，幸运7的叫法也源于此。

牛顿、莱布尼茨

这两人发明的微积分非常深奥，普通人无法理解。

拉格朗日、欧拉

进一步研究微积分，使之逐渐变成了现在的形式。

微积分源于天体观测

计算星体的运动轨迹是一个大工程

在微积分被发明后，计算天体运动的轨迹成为现实

微积分的具体应用

微积分不只应用于物理学、化学、生物学领域，在经济学等其他领域中也被广泛使用。

经济学简单来讲是指金融交易和数据分析。

微积分还经常被用于计算高速公路和高铁线路中的曲线问题或者计算轨道曲线（螺旋曲线）。

微分——无限分割

积分——分割后的部分重新组合

难度稍大的数学问题

乔治的牧场里养着好多羊。

如果有 27 头羊，6 周就可以把牧场里的草全部吃光；如果是 23 头羊，牧场里的草可以供它们吃 9 周。如果是 21 头羊，牧场里的草可以吃多少周呢？

我们在思考这个问题时，必须要注意草也是会生长的。这个问题的难点也在于此。

我们解决这个问题的第一步是整理已知条件，列出方程。

给大家一个小提示，我们可以把 1 头羊 1 周吃的草的数量设为 1，牧场草的总量设为 x，草 1 周的生长数量设为 y，21 头羊吃光所有的草需要花费的时间（周）设为 z。

然后按照已知条件，列出如下页所示的方程组。

在日本室町时代（1336 年—1573 年），佛教有一句名言为“七难即灭、七福即生”，日本也因此诞生了信仰七福神的传统。7 作为一个吉祥的数字，以“七福神”的形式一直流传至今。

解决难度稍大的数学问题

把1头羊1周吃的草的数量设为1；
把牧场草的总量设为x；
把1周生长的草的数量设为y；
把21头羊吃光所有的草的时间（周）设为z。

按照已知条件列出以下方程式。

$x + 6y = 27 \times 6$ —— ①

$x + 9y = 23 \times 9$ —— ②

$x + zy = 21z$ —— ③

② - ①　$3y = 45$

$y = 15$

将$y=15$代入①可得

$x + 90 = 162$

$x = 72$

将$x=72$、$y=15$代入③可得

$72 + 15z = 21z$

$z = 12$

那些条件复杂、看起来难解的问题，只要把已知条件一项项理清楚，就可以一步步解开了。我们面对生活中的难题时，不也应一样吗？

遵照父亲的遗言，将 17 头驴分给 3 个孩子

一位父亲有 3 个孩子，他在去世前，对自己的 3 个孩子说：“我的遗产是 17 头驴，我死后把这 17 头驴分给你们 3 个，大儿子得$\frac{1}{2}$，女儿得$\frac{1}{3}$，小儿子得$\frac{1}{9}$，你们按照我的意思去分吧。”

父亲去世后，3 个孩子十分苦恼，因为不知道如何分这 17 头驴。

此时，有一位牧师牵着一头驴路过他们家，他们向牧师诉说了苦恼。

牧师说：“如果加上我带来的驴，则驴共有 18 头，大儿子得 9 头，女儿得 6 头，小儿子得 2 头，然后我再牵走剩下的 1 头就可以了。”

3 个人叹服于牧师的智慧，牵走了各自的驴。

当 23 或 23 个以上的人聚在一起时，至少有两个人生日相同的概率大于 50%。这被称为生日悖论，是著名的概率论问题之一。

遵照父亲的遗言，将 17 头驴分给 3 个孩子

父亲的遗言

大儿子得$\frac{1}{2}$、女儿得$\frac{1}{3}$、小儿子得$\frac{1}{9}$。

加上路过的牧师牵来的驴

17+1=18

遵照遗言，大儿子得 9 头，女儿得 6 头，小儿子得 2 头，

牧师牵走自己带来的 1 头驴。

大儿子 9 头，女儿 6 头，小儿子 2 头，牧师牵走 1 头。

莫比乌斯带是什么？

一张纸一定存在正面与背面，不存在只有一个面的纸。即使把纸揉成一团，也存在正面和背面。

“莫比乌斯带”指的是没有背面的纸条。当然也可以说是只有背面的纸条，简单来说，就是一张纸只存在一个面。

19 世纪，德国数学家莫比乌斯发现了这种只有一个面的纸条，因此这样的纸条被称为“莫比乌斯带”。

把一张长条形的纸（形状如胶带）扭转一次，再把纸的两端粘在一起，可以发现如此扭转后，这张纸就无法区分正反面了，整张纸看起来只存在一个面。如果我们给这张纸涂上颜色，就会发现从纸的正面的一端开始上色，最终颜色会延展至纸的背面，以至于无法区分纸带的正反面。

19 世纪以后，数学的覆盖范围越来越大。数学不仅局限于计算，也包括这些神奇的发现。现在已经罕见的卡式录音带就用到了莫比乌斯带的原理。

圆周率的历史非常悠久。大约 4000 年前，古埃及人计算出的圆周率为 3.16；在 2000 年前，古希腊数学家把它精确到了$3\frac{1}{7}$；大约 1500 年前的印度，圆周率被记为 3.1316；而在大约 1000 年前的中国，圆周率被记为约率$\frac{22}{7}$、密率$\frac{355}{113}$。

莫比乌斯带

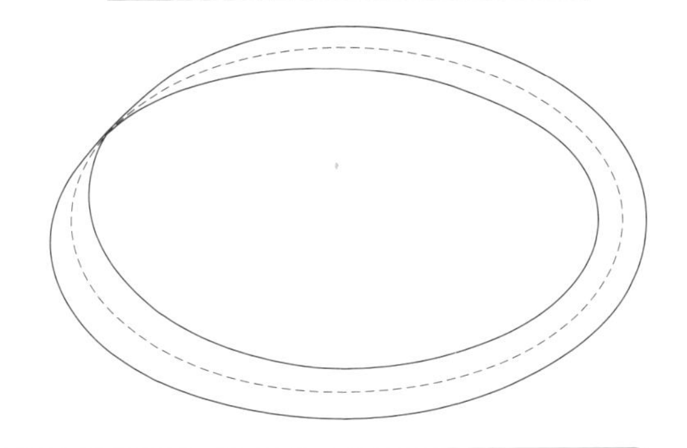

纸条在一条线上不存在正反面。

在长度相同的情况下，莫比乌斯带可以使用两次，因此莫比乌斯带（如录音带）的长度相当于一般纸条的 2 倍。

莫比乌斯带的发现推动了拓扑学的发展。

拓扑学也被称为“地志学”，是观察物体连接状态的几何学。

莫比乌斯带的发现 莫比乌斯带的名字源于 1790 年生的德国数学家莫比乌斯。他在解答各学院与多面体几何学相关的悬赏题目的过程中，发现了莫比乌斯带，并将之发表于 1865 年的论文《关于多面体体积的决定》中。但后人通过莫比乌斯未发表的相关笔记推测，莫比乌斯带实际上发现于 1858 年。

根据条件找出假币

有 8 枚金币，其中有一枚是假币。假币与其他 7 枚真币从外表上看不出任何区别，只是重量稍稍轻了一点。如果有且只有一个天平，并且最多只能使用 2 次，我们要如何找出假币呢？

如果我们把金币等分成两份，每份 4 枚，那么天平的使用次数肯定会超过 2 次。这个方法行不通。

给大家一个小提示，我们把 8 枚金币分成 3 枚、3 枚、2 枚共 3 组。

这个问题的关键在于如何解读称重的结果，如果我们能够正确解读它，那么就能知道下一步怎么做。

请大家仔细思考一下，相信大家看到答案就会恍然大悟。

数学小知识

我们经常能看到很多抽签活动，从概率论的角度来讲，抽签的前后顺序不影响某一个结果被抽中的概率。这被称为“抽签的公平性”。

仅使用 2 次天平找出假币

① 把 8 枚金币分成 3 枚、3 枚、2 枚共 3 组，分别设为 A、B、C。

② 取个数为 3 枚的 A、B 两组，把它们分别放在天平的两端。（第 1 次）

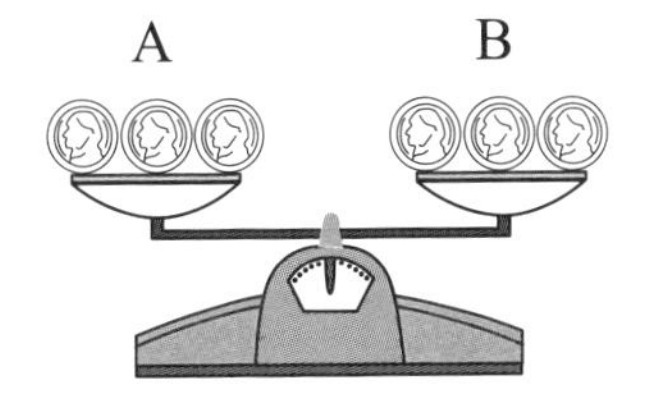

如果天平平衡，则假币在 C 组。

③ 此时的情况有 2 种，即 A、B 两组重量相同和 A、B 两组重量不同。

- 如果 A、B 两组重量相同，则把 C 组的 2 枚金币分别放在天平的两端，轻的那一侧即是假币。（第 2 次）
- 如果 A、B 两组重量不同（假设 B 组较轻），则选取 B 组中任意 2 枚金币放在天平的两端。（第 2 次）

从 B 组中选取的 2 枚金币重量不同

较轻的那枚即为假币。

从 B 组中选取的 2 枚金币重量相同

剩下的一枚即是假币。

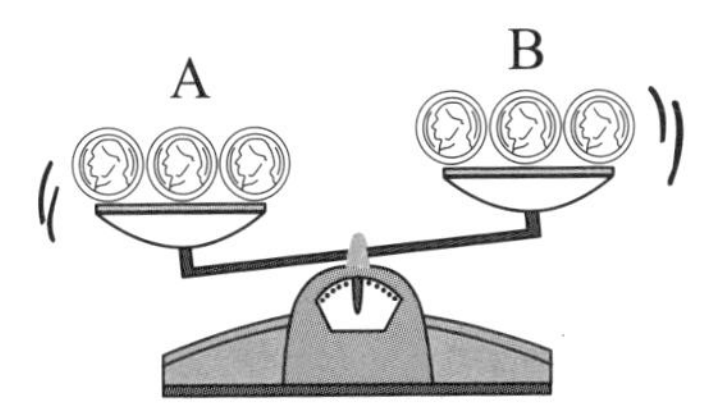

你能识破这个陷阱吗？

小 A、小 B 和小 C 一起去商店购买工作中需要的材料。木板和布料总计 3000 元，三人各拿出 1000 元交给了店员。

店员在去后面包装木板和布料时，店主突然出现，并对店员说道："这些材料应该是给学生上课用的，给他们便宜 500 元吧。"说完店主给了店员 500 元。

拿了 500 元的店员私藏了其中 200 元，并对三人说"给你们便宜 300 元吧"，并分别给了他们一人 100 元。

小 A、小 B 和小 C 实际各出了 900 元，他们非常开心。

此时，三人合计只付了 2700 元，加上店员口袋里的 200 元，总计为 2900 元，那么剩下的 100 元去哪里了呢？

请你好好思考一下这个问题。

我们经常能在电视上看到关于选举的报道，其实选举中也用到了统计学的知识。数学家已经证明，只要收集 5% 的信息，就能比较精准地预测出选举的结果。

识破陷阱!!

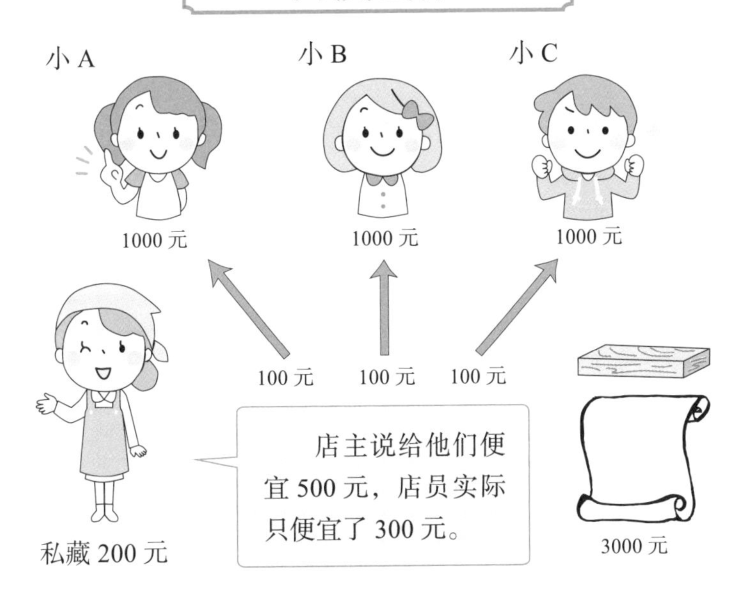

3000 元减去了 500 元（根据店主的话），在这 500 元中，只有 300 元还给了 3 个人，剩下的 200 元进了店员的口袋。

（3000 − 500）+300+200=3000（元）

最终 3 个人每人各支付了 900 元。

900 × 3=2700（元）

此时，加上店员口袋里的 200 元，合计只有 2900 元。

该问题的陷阱是，3 个人共支付的 2700 元与店员口袋里的 200 元其实没有任何关系。

数学小趣闻 7

定义和命题究竟有什么关系？

在开始数学学科的研究之前，我们给每一个概念明确地赋予一个含义和思考的顺序。普遍性是数学的重要特点之一。

在某个地方被证明出来的定理，不仅要求在地球上成立，而且在外星球也需要成立。

因此，我们必须事先严格地规定一些概念，确定这些概念的过程就是“定义”。

“命题”是指判断某一件事是否正确的陈述句或者公式。由公理和定义证明得来的命题被称为定理。定理的常见称呼就是“某某定理”，如勾股定理。

本书已经从各个角度向大家说明了“数学定理”的含义，哪怕是形容一些不太重要的事物，有时也会被称为定理。

“定理”是在公理和定义的基础上被证明得到的，因此，我们可以说数学定理是数学逻辑思考的起点。

数 学

（对某一概念的内容和性质做出规定）

第一个进行定义的数学家是欧几里得。在他所著的《几何原本》一书的开头，就展示了 23 个定义。

命 题

数学语言中简单明了的描述

① $2<5$

② $5<2$

③ 使 $P+3$ 也为质数的质数 P 存在无数个

解析：

①是真命题

②是假命题

③是真假不明的命题

公 理

欧几里得在《几何原本》中说：“我们称一些显而易见的事实为公理。”

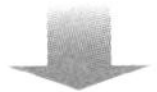

但非欧几里得几何学派认为，因为公理是“无须说明的真理”，所以它才可以作为数学理论的基本前提。

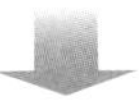

在现代数学中，我们把定理演绎的起点称为公理。

数学小趣闻8

数学界的最高奖“菲尔兹奖”

诺贝尔奖中没有设立数学奖，数学界的“诺贝尔奖”就是菲尔兹奖。

1932 年，国际数学联盟在瑞士苏黎世举办的国际数学家大会上做出了如下决定：“在每 4 年召开的大会上，给 2~4 名有卓越数学成就的研究人员颁发一枚金质奖章。”

菲尔兹奖是以加拿大数学家约翰·查尔斯·菲尔兹的名字命名的，他曾担任多伦多国际数学家大会的秘书长，同时他也是奖金的捐献者。菲尔兹奖每 4 年颁发一次，加上获奖人必须在当年的元旦之前未满 40 岁的条件，因此菲尔兹奖的获得难度非常大，甚至被认为比获得诺贝尔奖更加困难。截至 2018 年，世界上共有 60 位数学家获此殊荣，其中 2 位为华裔数学家，分别是丘成桐和陶哲轩。

菲尔兹奖

菲尔兹奖是什么？

每 4 年颁发一次

获奖时未满 40 周岁

给满足上述条件的杰出数学家颁发的奖项

华裔获奖者

1982 年　丘成桐（1949 年—　）香港中文大学数学科学研究所所长
2006 年　陶哲轩（1975 年—　）美国加州大学洛杉矶分校

菲尔兹奖是数学界最权威的奖项，该奖项的设立是为了表彰年轻数学家们的卓越成就，并激励他们不断研究。该奖项有“每 4 年一次”“40 周岁以下”“2~4 名”等限制条件。安德鲁·怀尔斯在 1995 年严格证明“费马大定理”的时候，他已经年满 42 周岁，但考虑到该成就的重要性，1998 年，评委会主席给年满 45 周岁的他颁发了“特别贡献奖”。

比较项目	诺贝尔奖	菲尔兹奖
第　一　届	1901 年	1936 年
召开时间	每年	每 4 年
年龄限制	无	40 周岁以下
奖金（每年会有变化）	约 650 万元	约 10 万元

数学家

专栏 7

艾萨克·牛顿

（1642 年—1727 年）

牛顿自幼体弱多病，能够平安无事地长大成人，这本身就是一个奇迹。小时候别说是算数了，就连读书写字他都没有多大兴趣。

而在大约 18 岁的时候，他突然对几何学产生了兴趣；22 岁的时候，他已经开始研究最尖端的科学。他的头脑非常灵活，没有花费很长时间就创建了微积分学，并且还发现了物体运动的三大基本定律。

最终，他发现了“万有引力定律”这个具有革命性意义的定律。

在科学界取得了一个又一个历史性成就的天才牛顿，除了潜心研究数学和物理之外，还会时不时地发呆和做一些常人无法理解的事。例如，用煮鸡蛋的方式煮钟表，不穿裤子出门等。

牛顿上大学的时候伦敦鼠疫盛行，因此他不得不休学回到老家。据说，万有引力定律就是牛顿在老家悠闲地眺望苹果树时发现的。

发现了“万有引力定律”和“牛顿三大定律”的牛顿在 84 岁寿终正寝。人的命运真是难以预料呀！

参考文献

数学100の定理（数学セミナー編集部 編／日本評論社）

異説数学者列伝（森　毅 著／蒼樹書房）

思わず教えたくなる数学66の神秘（仲田紀夫 著／黎明書房）

数学公式のはなし（大村　平 著／日科技連）

数学のしくみ（川久保勝夫 著／日本実業出版社）

数学通になる本（中尊寺薫 著／オーエス出版社）

数の事典（D.ウェルズ 著・芦ヶ原伸之・滝沢　清 訳／東京図書）

数学の天才列伝（竹内　均 著／ニュートンプレス）

数学のパズル・パンドラの箱（ブライマン・ボルト 著・木村良夫 訳／講談社）

数学がわかる（朝日新聞社）

算数・数学まるごと入門（河田直樹 著／聖文新社）

算数・数学の超キホン！（畑中敦子／東京リーガルマインド 編・著）

算数・数学なぜなぜ事典（銀林　浩・数学教育協議会 編／日本評論社）

算数・数学なっとく事典（銀林　浩・数学教育協議会 編／日本評論社）

数学の小事典（片山孝次・大槻　真・神長幾子 著／岩波ジュニア新書）

今さらこんなこと他人には聞けない数学（日本の常識研究会 編／k.kベストセラーズ）

頭がよくなる数学パズル（逢沢　明／PHP文庫）

正多面体を解く（一松　信 著／東海大学出版会）

知性の織りなす数学美（秋山　仁 著／中公新書）

マンガ・数学小事典（岡部恒治 著／講談社）

岩波数学入門辞典（岩波書店）

图书在版编目（CIP）数据

数学定理的奇妙世界 /（日）小宫山博仁著 ; 张叶焙，王小亮译. -- 北京 : 人民邮电出版社，2020.4（2024.6重印）
（欢乐数学营）
ISBN 978-7-115-53000-4

Ⅰ. ①数… Ⅱ. ①小… ②张… ③王… Ⅲ. ①定理(数学)－青少年读物 Ⅳ. ①O1-49

中国版本图书馆CIP数据核字(2019)第280791号

◆ 著　　　　[日]小宫山博仁
　译　　　　张叶焙　王小亮
　责任编辑　李　宁
　责任印制　陈　犇
◆ 人民邮电出版社出版发行　　北京市丰台区成寿寺路 11 号
　邮编　100164　　电子邮件　315@ptpress.com.cn
　网址　http://www.ptpress.com.cn
　三河市中晟雅豪印务有限公司印刷
◆ 开本：880×1230　1/32
　印张：4　　　　　　　　2020 年 4 月第 1 版
　字数：84 千字　　　　　2024 年 6 月河北第 21 次印刷

著作权合同登记号　图字：01-2019-3097 号

定价：35.00 元

读者服务热线：(010)81055410　印装质量热线：(010)81055316
反盗版热线：(010)81055315
广告经营许可证：京东市监广登字 20170147 号